探索

国文化百科

万物科学发现

牛 月 编著 胡元斌 丛书主编

汕頭大學出版社

图书在版编目（CIP）数据

探索 : 万物科学发现 / 牛月编著. -- 汕头 : 汕头
大学出版社，2015.2 （2020.1重印）
　（中国文化百科 / 胡元斌主编）
　ISBN 978-7-5658-1618-5

　Ⅰ. ①探… Ⅱ. ①牛… Ⅲ. ①科学发现－科学史－中
国 Ⅳ. ①N19

中国版本图书馆CIP数据核字(2015)第020771号

探索：万物科学发现　　　　　　　TANSUO：WANWU KEXUE FAXIAN

编　　著：牛　月
丛书主编：胡元斌
责任编辑：邹　峰
封面设计：大华文苑
责任技编：黄东生
出版发行：汕头大学出版社
　　　　　广东省汕头市大学路243号汕头大学校园内　邮政编码：515063
电　　话：0754-82904613
印　　刷：三河市燕春印务有限公司
开　　本：700mm×1000mm 1/16
印　　张：7
字　　数：50千字
版　　次：2015年2月第1版
印　　次：2020年1月第2次印刷
定　　价：29.80元
ISBN 978-7-5658-1618-5

前　言

中华文化也叫华夏文化、华夏文明，是中国各民族文化的总称，是中华文明在发展过程中汇集而成的一种反映民族特质和风貌的民族文化，是中华民族历史上各种物态文化、精神文化、行为文化等方面的总体表现。

中华文化是居住在中国地域内的中华民族及其祖先所创造的、为中华民族世世代代所继承发展的、具有鲜明民族特色而内涵博大精深的传统优良文化，历史十分悠久，流传非常广泛，在世界上拥有巨大的影响。

中华文化源远流长，最直接的源头是黄河文化与长江文化，这两大文化浪涛经过千百年冲刷洗礼和不断交流、融合以及沉淀，最终形成了求同存异、兼收并蓄的中华文化。千百年来，中华文化薪火相传，一脉相承，是世界上唯一五千年绵延不绝从没中断的古老文化，并始终充满了生机与活力，这充分展现了中华文化顽强的生命力。

中华文化的顽强生命力，已经深深熔铸到我们的创造力和凝聚力中，是我们民族的基因。中华民族的精神，也已深深植根于绵延数千年的优秀文化传统之中，是我们的精神家园。总之，中国文化博大精深，是中华各族人民五千年来创造、传承下来的物质文明和精神文明的总和，其内容包罗万象，浩若星汉，具有很强文化纵深，蕴含丰富宝藏。

中华文化主要包括文明悠久的历史形态、持续发展的古代经济、特色鲜明的书法绘画、美轮美奂的古典工艺、异彩纷呈的文学艺术、欢乐祥和的歌舞娱乐、独具特色的语言文字、匠心独运的国宝器物、辉煌灿烂的科技发明、得天独厚的壮丽河山，等等，充分显示了中华民族厚重的文化底蕴和强大的民族凝聚力，风华独具，自成一体，规模宏大，底蕴悠远，具有永恒的生命力和传世价值。

在新的世纪，我们要实现中华民族的复兴，首先就要继承和发展五千年来优秀的、光明的、先进的、科学的、文明的和令人自豪的文化遗产，融合古今中外一切文化精华，构建具有中国特色的现代民族文化，向世界和未来展示中华民族的文化力量、文化价值、文化形态与文化风采，实现我们伟大的"中国梦"。

习近平总书记说："中华文化源远流长，积淀着中华民族最深层的精神追求，代表着中华民族独特的精神标识，为中华民族生生不息、发展壮大提供了丰厚滋养。中华传统美德是中华文化精髓，蕴含着丰富的思想道德资源。不忘本来才能开辟未来，善于继承才能更好创新。对历史文化特别是先人传承下来的价值理念和道德规范，要坚持古为今用、推陈出新，有鉴别地加以对待，有扬弃地予以继承，努力用中华民族创造的一切精神财富来以文化人、以文育人。"

为此，在有关部门和专家指导下，我们收集整理了大量古今资料和最新研究成果，特别编撰了本套《中国文化百科》。本套书包括了中国文化的各个方面，充分显示了中华民族厚重文化底蕴和强大民族凝聚力，具有极强的系统性、广博性和规模性。

本套作品根据中华文化形态的结构模式，共分为10套，每套冠以具有丰富内涵的套书名。再以归类细分的形式或约定俗成的说法，每套分为10册，每册冠以别具深意的主标题书名和明确直观的副标题书名。每套自成体系，每册相互补充，横向开拓，纵向深入，全景式反映了整个中华文化的博大规模，凝聚性体现了整个中华文化的厚重精深，可以说是全面展现中华文化的大博览。因此，非常适合广大读者阅读和珍藏，也非常适合各级图书馆装备和陈列。

目 录

军事武器

矿产冶炼

　　非金属矿产资源和人类生活关系极其密切，我们的祖先在几千年的生产实践中开发利用了大量非金属矿产。尤其是对天然气、石油、煤、盐等的开发和利用，有多项技术属于首创，当时在世界上处于领先地位，对人类的生存和发展发挥了巨大的作用。

　　我国古代生产生铁的技术比较高，通过脱碳退火办法得到的生铁铸件，是我国古代冶金技术上的一项重大发明。由生铁催生的炼钢技术，以及我国独有的铜冶炼技术，它们都是具有划时代意义的重大事件。

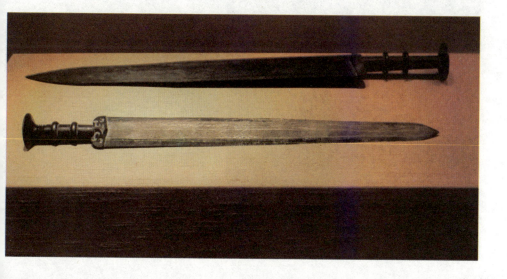

开发利用非金属矿产

非金属矿产资源的开发利用具有悠久的历史，可以说，它对人类的生存、进化和繁衍起了不可取代的作用。中华民族在几千年的生产实践中开发利用了大量非金属矿产。

我国非金属矿产资源丰富，其中对天然气、盐、石油、煤的开发和利用，在当时世界上处于领先地位，极大地促进了人类社会的进展，改善了人类的生活条件。

北周武帝时期，突厥佗钵可汗率兵围攻北周重镇酒泉，大肆掠夺财物。

而北周时期刚经历了灭北齐一仗，国力尚处在恢复期，但酒泉人以石油为燃料，奋力焚烧突厥攻城器具。

佗钵可汗从未见过这种燃烧物，马上命令士兵用水扑火。但是，被泼上水的火不但不灭，反而越烧越旺。最后突厥军大败，北周军民保卫了酒泉城。

这个战例，在我国石油应用史上占有极其重要的地位，从此以后，石油逐渐成为火攻武器的重要原料。其实，我国古代在对石油认识加深的同时，对天然气的开发利用也逐渐达到了新的高度。

我国是世界上最早开采和利用天然气的国家，在秦代就有凿井取气煮盐的情况。在欧洲，英国是最早使用天然气的国家，时间为1668年，比我国晚了1000多年。

晋代的常璩写在《华阳国志》里，描述秦汉时期应用天然气有一段话：临邛县"有火井，夜时光映上昭。民欲其火，先以家火投之。顷许如雷声，火焰出，通耀数十里。以竹筒盛其火藏之，可拽行终日不灭也……取井火煮之，一斛水得五斗盐。家火煮之，得无几也。"

这段话向后人透露了两条消息：早在2000多年前，人们就用竹筒装着天然气，当火把点火走夜路。用天然气煮盐，要比普通的家火燃烧得旺，出盐也多。

"火井沉荧于幽泉，高烟飞煽于天垂"。这是晋代人对四川火井的诗意描写。其实，比这更早些的西汉扬雄在《蜀都赋》中，已把火井列为四川的重要物产之一，可见火井由来已久。

从出土文物东汉画像砖上刻画的《煮盐图》中可以看到当时天然气利用的实例。汉代就已克服了火井爆炸的困难，并且还用竹筒盛装天然气，类似今天的储存天然气的气罐，创造利用天然气的方法。

南宋时期，成都邛崃县天台山的一片山坡上，常常有一缕缕带臭味的怪气冒出来，熏得周围的庄稼全都枯萎了。当地百姓不知是什么妖怪作祟，修了一座宝塔镇住气眼，从此再不冒气影响庄稼了。这"怪气"其实就是天然气。

为了开发石油和天然气，我国古代劳动人民在生产实践中逐步发明创造了一整套钻井技术。

远在战国时期，我们的祖先就已开凿较深的井，自汉代以来，劳动人民进而推广和改进了钻井机械。

我国在公元前211年钻了第一口天然气气井，据有关资料记载深度为150米。在今日重

庆的西部，人们通过用竹竿不断地撞击来找到天然气。天然气用作燃料来干燥岩盐。

宋代的深井钻掘机械已形成一项相当复杂的机械组合。普遍废弃了大口浅井，凿成了筒井。

至明代，钻井机械设备和技术有了更进一步的发展。据明代学者曹学佺的《蜀中广记》记载，东汉时期，"蜀始开筒井，用环刃凿如碗大，深者数十丈"。

我国古代的天然气开采技术是比较先进的，比如小口深井钻凿法、套管固管法、笕管引气法、试气量法和裂缝性气田的钻凿等技术，均为世界首创。

我国钻井技术的起源和发展与制盐业有着密切的联系。第一座盐井出现在古巴蜀地区，即现在的四川地区。

当时四川的运输业极不发达，海盐很难运到地处内地、道路艰险的四川。但古代巴蜀人发现自己的脚底下就蕴藏着丰富的岩盐和含盐分很高的卤水，他们即因地制宜，开采地下盐以食用。四川人称食盐为"盐巴"。

在四川，产盐的地区主要集中在自贡地区，井架林立的自贡因此有"盐都"之称。

采盐的需要促进了深井钻探技术的发展。钻井深度越来越深，钻透盐层再往下便是天然气层，卤水制盐需要熬制，使用当地天然气作燃料既方便又经济。

由此可见，天然气就是在深井制盐业的促进下开发的，两者的发明基本上是同时出现。

由于天然气层较深，要开凿气井必须有优良的钻井设备。我国当时已有先进的铁制业，为钻井提供了铸铁造的钻头。动力则用人力。人先跳到杠杆的一端把钻头抬高，再跳下来使钻头砸下去。

钻井用的竹缆是由竹条制成的。竹缆具有很强的抗拉强度，与一些钢缆的抗拉强度相当。而且竹缆有极好的挠性，容易绕在钻头提升鼓上，而且遇水后强度增加，恰好用来冲击岩石。

在不断的劳动实践中，古巴蜀人民发明了一系列专用的钻井工具，总结出一整套钻井技术，开凿出一大批很深的天然气井。这些深井钻探技术迅速传播开来，被世界各国仿效采用。

盐的生产在我国历史悠久。据研究考证，夏代时已产盐，主要为海水煮盐，主产于福建沿岸等地。

殷商时期，规模扩大，不仅有海水制盐，而且有湖水制盐，不仅有制盐工人，而且有管盐的"盐人"。战国时，有池水制盐，也有井卤煮盐。表明我国是世界最早的产盐国。

据《华阳国文·蜀志》记载，四川省临邛即现在的邛崃县制井盐，"井有二水，取井火煮之，一斛水得五织盐"。"二水"即卤水，"井火"就是天然气。这里是世界最早制井盐的地方。

我国古人很早就能分辨出石油露出地表的有油苗、气苗和沥青3种

形态。其中的油苗是地壳内的石油在地面上的显露的痕迹，是寻找石油矿的重要标志。

石油的出现时间并不清楚，最早记载于东汉班固《汉书·地理志》，提及上郡高奴县的洧水。北魏郦道元在其《水经注》中作了详细的记述："高奴县有洧水肥可燃。水水有肥可接取用之。"有肥可以燃烧，其实是水面上漂浮着原油或石蜡、沥青的东西。据此推算，最迟在西汉时就发现了石油。

石油的名称首见于北宋科学家沈括的《梦溪笔谈》，之前多称为"石漆"，可能由于一些油苗含沥青质高、颜色像漆一般黑。

也有人叫石油为"水肥"，主要由于浮在水面的一层油像肥肉一样，一点即燃。沈括发明了用石油做"炭黑"，再用炭黑来制墨。

石油在古代的开发并不普遍，只有小规模的开采。古人发现石油有不同的功用。

北周武帝时期，石油曾经被酒泉人作为燃料，烧毁来犯的突厥人的攻城器具，突厥军大败。这是石油在我国军事史上的首次利用。

北魏郦道元《水经注》中说酒泉延寿县河里有一层肥如肉汁的东

西，可以涂在车和水碓的轴承上，效果非常好。

石油一点就燃，十分明亮，但燃烧时烟很大，要经过提炼才能使用。古人把石油浇灌成烛，亮度是普通蜡烛的3倍。

我国是世界上最早利用煤的国家。据考古学家考查发现，辽宁省新乐古文化遗址中，就发现有煤制品，河南巩义市也发现有西汉时用煤饼炼铁的遗址。

在我国汉代的冶铁遗址里，有冶炼时使用的各种燃料，其中就有煤饼即蜂窝煤。这一重要发现，说明在西汉时期，煤已经不仅用于工业，而且那时的人已经会把开采出来的煤制成煤饼。

在史籍记载中，《山海经》中曾写道"女床之山其阴多石涅。"这里的石涅就是煤。可见煤作为一种矿物质，最迟在战国时期，就被我国古代的劳动人民所发现和利用。

据史料记载，三国时期曹操在修筑铜雀台时，在室井内储存了煤，以备打仗时燃用。

后魏时期郦道元的《水经注》上，有这样一段话："邺县西三台，中曰铜雀台，上有冰室。室有数井，藏冰及石墨。石

墨可书，又燃之难尽，亦谓之石炭。"

至隋代，煤在民间已经开始通用。历代王朝都把煤作为政府的专卖品，为的是增加财政收入。元代，人们把"石炭"开始称为"煤炭"。明代的煤业生产在当时已经是一个大的生产行业，煤的开采与使用也已经十分广泛。

明末清初，我国的煤业已经达到当时世界上最高的水平，而且已经能炼出焦炭。

拓展阅读

曹操建铜雀台，至十六国时期，后赵国君石虎又加扩建。《邺中记》的描述透露了一些关键信息，其中就有储藏煤、盐等战略物资的描述。

铜雀台的冰井台是在台顶建冰室，冰室内挖有深度达15丈的大井多口。这个大窖虽名为"冰室"，其实却是储存各种生存基本物资的仓库，深井里分别贮存着最重要的几种生活资料：有的井里藏冰，有的井里藏煤，有的井里藏粟米，有的井里藏盐。

从铜雀台室井储存煤的史实，可见我国古代对煤的利用很早。

古代先进的冶金技术

我国钢铁冶炼技术的发展是从冶炼生铁开始的，冶铁术大约发明于西周时期。

先炼生铁后炼钢，生铁是炼钢的原料。炼钢的出现是具有划时代意义的重大事件。此外，铜冶炼技术也是我国的一项重大发明。

在我国古代冶金技术的发展过程中，风箱扮演着极为重要的角色。它是我国发明的一种世界上最早的鼓风设备。

　　欧冶子是春秋时越人，是当时的冶金高手，更是我国历史上著名的铸剑师。《越绝书》中记载有"楚王见剑"的故事，让我们有幸看到"龙渊"剑的诞生过程。

　　楚王命令相剑家风胡子到越地去寻找欧冶子，叫他制造宝剑。于是欧冶子走遍江南名山大川，寻觅能够出铁英、寒泉和亮石的地方，只有这3样东西都具备了，才能铸制出利剑来。

　　最后，欧冶子来到了龙泉的秦溪山旁，发现在两棵千年松树下面有7口井，排列如北斗，明净如琉璃，冷澈入骨髓，实乃上等寒泉，就凿池储水，即成剑池。

　　欧冶子又在茨山下采得铁英即纯净的铁，拿来炼铁铸剑，就以这池里的水淬火，铸成剑坯。可是没有好的亮石，终是无法磨出宝剑。

　　欧冶子又爬山越水，千寻万觅，终于在秦溪山附近一个山岙里找到亮石坑。发觉坑里有丝丝寒气，阴森逼人，知道其中必有异物。于是焚香沐浴，素斋三日，然后跳入坑洞，取出来一块坚利的亮石，用这里的水慢慢磨制宝剑。

　　经两年之久，终于铸剑3把：第一把叫"龙渊"；

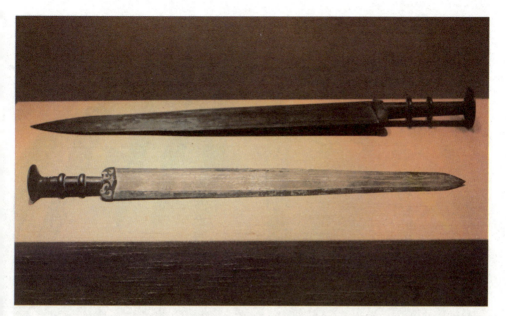

第二把叫"泰阿"；第三把叫"工布"。

这些剑弯转起来，围在腰间，简直似腰带一般，若一松手，剑身即弹开，笔挺笔直。若向上空抛一方手帕，从宝剑锋口徐徐落下，手帕即分为二。这些宝剑之所以如此锋利，皆因取铁英炼铁铸剑，取这池水淬火，取这山石磨剑之故。

楚王见剑大喜，乃赐此宝地为"剑池湖"。后在唐代改叫"龙泉"，一直叫到今天。

楚王曾引泰阿之剑大破晋军。当时晋国出兵伐楚，围困楚都3年，为夺楚国镇国之宝"泰阿剑"。楚国都城将破之时，楚王亲自拔剑迎敌，突然剑气激射，飞沙走石，晋军旌旗仆地，全军覆没。

上述记载，虽然带有传说的成分，但据现代考古发掘报道，春秋时期，我国的冶金技术确实非常之高，达到了当时世界先进水平。

欧冶子为越王勾践铸造的宝剑，被埋在地下数千年，发掘出土后发现还光亮不锈，十分锋利。经现代科学研究，这些青铜兵器都经过

很好的外镀处理，表明我国是世界上最早发明金属外镀术的国家。

从目前考古发掘结果来看，我国人工冶炼的铸铁器具约出现于春秋末期以前。

江苏省六合县程桥的东周墓中出土的铁丸和弯曲的铁条，经鉴定前者是迄今发现的我国最早的生铁，为白口铁铸件；后者是用早期的块炼铁锻成的。这是世界最早的生铁。

生铁是炼钢的原料。炼钢的产品多是低碳钢和熟铁，但是如果控制得好，也可以得到中碳钢和高碳钢。据考古学家考证，我国早在西汉的时候，就已经掌握炼钢技术，是世界上最早炼钢的国家。

徐州狮子山楚王陵考古发现：楚王陵保存着一处完整的西汉楚王武库，库中堆满各式成捆的楚汉实战兵器，兵器虽历时2000多年，依然锋利无比，轻轻一划刀锋力透10余层厚纸。

研究分析表明：当时的钢铁技术正处于发展时期，淬火工艺、冷锻技术、炼钢制作均已使用。楚王陵的年代下限为公元前154年，这表明我国在西汉早期已发明并掌握了炼钢技术。

直至18世纪中期，英国才发明了炼钢法，在产业革命中起了很大的作用。

青铜冶炼也是我国独树一帜的技术发明。据考古发掘和古书《史记·封禅书》等记载，我国在夏代已冶炼青铜，进入青铜时代。

冶铜技术在殷商很发达，西周进入鼎盛。表明我国是世界最早冶炼青铜和进入青铜时代的国家。

白铜的发明是我国古代冶金技术中的杰出成就。目前公认我国也是世界上最早的有白铜记载的国家，其见于东晋散骑常侍常璩的《华阳国志·南中志》卷4。文中记载："螳螂县因山名也，出银、铅、白铜、杂药。"

螳螂县治所在今云南巧家老店镇一带。这里富产铜矿，而邻近的四川会理出镍矿，两地间有驿道相通，从资源上看，可以肯定螳螂县所出白铜为镍白铜。这是有关镍白铜的最早可靠记载。

在我国古代文献中，白色的铜合金统称为白铜，包括3种铜合金：

一是含锡很高的铜锡合金，如被称作白铜钱的"大夏真兴"

铜钱和隋五铢钱，经检验均为高锡青铜，不含镍；二是含砷在10%以上的铜砷合金，即砷白铜；三是铜镍合金即镍白铜。三种白铜中，镍白铜最为重要，其次是砷白铜。

我国是世界最早用胆水炼铜的国家。西汉时期《淮南万毕术》记载"曾青得铁，则化为铜"，东汉时期《神农本草经》说"石胆……能化铁为铜"，这些距今已约2000年，比国外约早1500年。

胆水炼铜或称"胆铜法"，是宋代最重要的炼铜方法，即把铁放在胆矾溶液中，使胆矾中的铜离子被金属铁置换成为单质铜沉积下来的一种产铜方法。

因在金属活动顺序表中，铁排在铜的前面，表明铁的金属活动性强于铜，所以铁能和铜盐发生氧化—还原反应而置换出铜。

失蜡铸造法是铸造器形和雕镂复杂器物的一种精度较高的铸造方法。我国是世界上最早发明失蜡铸造法的国家。

　　失蜡法铸造铜器从文献记载看，最早是唐代。北宋宰相王溥著的《唐会要》中记载，唐代开元年间使用蜡模铸造开元通宝，这是我国关于失蜡法的最早记载。

　　从青铜实物考察，1979年河南省淅川县楚国令尹子庚墓出土的铜禁，器体侧面和边沿铸强国富民呈网状的相互缠绕的蟠螭，所显现出的玲珑剔透的镂孔就是用失蜡法铸造的。

　　古代先进的冶金技术靠的鼓风设备。风箱就是我国古代劳动人民发明的一种世界上最早的鼓风设备。这种古老的设备能够使炉中的火焰熊熊燃烧起来。

　　考古学家从文献记载上看到，我国古代的大哲学家老子曾经说："天地之间，其犹橐龠乎，虚而不屈，动而愈出。"这句话的意思是说：天地万物其实就像一个很大的皮革做的鼓风器，里面充满了空气，所以天不会塌下来。它越是活动，放出的空气就越多。

　　橐龠，就是古代的一种鼓风器，是"风箱"一词的古称。风箱是

一种重要的工具。尤其在冶炼金属方面，风箱更是必不可少的设备。

风箱在我国的发展经历了漫长的岁月。从战国时期的皮革橐龠到东汉时期的木扇式水排，直至宋代的双动式活塞风箱，这种世界上最古老的鼓风器，使我国古代在这方面的研究一直处在世界先进行列。

总之，我国古代在冶金技术和设备上，创造了多项发明，极大地促进了我国冶炼技术的发展，也为世界冶金业作出了重大贡献。

拓展阅读

我国古代的冶金工匠们在传授冶金技艺时，特别强调"悟"的重要性。例如："炉火纯青"这一成语，讲的就是在冶炼时有经验的工匠能通过炉火的颜色来判断合金浇铸的适宜温度，但是对炉火"颜色"的判断，显然需要他们在长期的实践中不断摸索、领悟才能掌握。

这其实就是古代冶金工匠们在一些关键技术环节中通过自己的亲身实践练就的所谓"绝活"，这也正是我国古代能工巧匠辈出、技术工艺精湛的原因所在。

技工制造

　　我国古代独自创造的技工成就，在经验性、描述性、实用性与本土化上都是举世瞩目的，并形成了独特的实用科学体系。

　　我国古代取得了很多技工成就。

　　例如：在生活用具方面，筷子、冰箱等的发明，极大地便利了人们的生活，并沿用至今。在工艺方面，漆器是我国古代在化学工艺及工艺美术方面的重要发明，历经数代不断发展，明清时期达到了相当高的水平。此外，我国发明的指南针和罗盘，被广泛应用于诸多领域，在世界科技史上占有重要地位。

实用灵便的生活用具

　　我国古代人的生活一直是现代人感兴趣的话题。古人的生活条件虽然与现在相差很大，但是事实上，古人发明创造的许多生活用具，大大弥补了物质条件的某些不足，使生活质量得到了不断的提高。

　　古人的生活用具很多，不可能一一加以叙述。在这之中的伞、筷子、冰箱、钟表、扇子等，古今一直在用，体现了实用性强的特点。

伞最早是我国发明的。据说远在五帝时期，我们的祖先就开始用伞了。

古籍中有这样伞的发明记载："华盖，黄帝所作也。与蚩尤战于涿鹿之野，带有五色云声，金枝玉叶，止于帝上，有花葩之象，故因而作华盖也。"

这段话的意思是说，伞是黄帝发明的，在和蚩尤大战于涿鹿时所用。而且"有花葩之象"，是根据花盛开时的倒扣状受到启发做的，因此称为"华盖"。

此外，在《史记·五帝本纪》里也写道："舜乃以雨笠自捍而下。"这也是雨伞在尧舜时代就已发明的证据。

关于伞的发明还有一种说法。据传，春秋时期，我国古代最著名的发明家鲁班，常在野外工作，如果遇到雨雪，就会全身淋湿。

鲁班的妻子云氏想做一种能遮雨的东西。她把竹子劈成许多细条，在细竹条上蒙上兽皮，样子就像一座亭子，收拢似棍，张开如盖。不论怎么说，伞的故乡显然在我国。

在我国古代，伞面是用丝制的，后来伞变成了权势的象征。每当帝王将相出巡的时候，按照等级分别用不同的颜色、大小、数量的罗伞伴行，以此来显示威严。直至明代的时候，还规定一般的平民百姓不得用罗伞伴行，只能用纸伞。

我国的伞在唐代的时候传入日本，继而传到西方。英国的第一把雨伞就是由我国带去的。

1747年，有一个英国人到我国来旅行，看见有人打着一把油纸伞在雨中行走，认为雨伞很实用很便利，就带了一把伞回到英国。此后，伞就在全世界普及开了。

筷子也是我国的独创，是我国人发明的一种非常有特色的夹取食物的用具，在世界各国的餐具中独具风采，被誉为中华文明的精华。

在远古的时候，人们吃饭是用手抓的，但是在吃非常热的食物的时候，因为烫手，拿不住食物，所以就必须借助木棍。这样，人们就不知不觉地练出了用棍子夹取食物的本领。

大约到了原始社会末期，人们就用树枝、竹棍、动物骨骼来做成筷子使用了。夏商时期，象牙筷和玉筷已经问世。春秋战国时期，出现了铜筷和铁筷。至汉魏六朝，各种规格的漆筷也生产出来了。没过多久，又有了金筷、银筷。

筷子不仅用于夹取食物，还有许多寓意。古代的时候，当官的人家为了显示自己的富有，炫耀门第高贵，请人吃饭的时候常用典雅的象牙筷和金筷。帝王之家一般都用银筷，目的是检验食物中有没有毒。

古代民间嫁女的时候，嫁妆里必定少不了筷子，因为有"快生贵子"的意思。古时人死后，冥器里也必定少不了筷子，说是供亡灵在阴间用。

古时的筷子还起着军事上的许多其他物品无法代替的作用：

张良用筷子对刘邦作形象的示意，帮他制定了消灭项羽的策略；刘备还在宴会中故意掉落筷子，在曹操面前表明自己是无能胆小之辈；唐玄宗曾将筷子赐给宰相宋璟，赞扬他的品格像筷子一样耿直；永福公主在自己的婚姻上不服从父皇之命，以折筷表示自己决心已下，宁愿折断也不弯曲。

筷子使用轻巧方便，在1000多年前先传到了朝鲜、日本、越南等地，明清时期以后传入马来西亚、新加坡等地。别小看使用筷子这件小事，在人类的文明发展史上，也称得上是一个值得推崇的科学发明。

冰箱的用途很广泛，为人们带来了许多方便。实际上，我国在古代就已有了"冰箱"。虽然远不如现在的电冰箱高级，但仍可以起到

对新鲜食物的保鲜作用。

在古籍《周礼》中就提到过一种用来储存食物的"冰鉴"。这种"冰鉴"其实是一个盒子似的东西，内部是空的。只要把冰放在里面，然后把食物再放在冰的中间，就可以对食物起到防腐保鲜的作用了。这显然就是现今地球上人类使用最早的冰箱。

此外，在古书《吴越春秋》上也曾记载：

勾践之出游也，休息食宿于冰厨。

这里所说的"冰厨"，就是古代人们专门用来储存食物的一间房子，是夏季供应饮食的地方。

明代黄省曾的《鱼经》里曾经说，渔民常将一种鲥鱼"以冰养之"，运到远处，可以保持新鲜，谓之"冰鲜"。可以想象，当时冷藏食物可能比较普遍。

从许多史料可以看出，我们的祖先很早就会利用冰来保持食物的新鲜。因此说，我国是第一个发明冰箱的国家。

眼镜起源于我国，我国考古学家曾多次在明代以前的坟墓中挖掘出眼镜来，说明在明代以前，我国就已有眼镜了。

考古工作者在江苏扬州地区甘泉山东汉光武帝刘秀之子刘荆之墓

中清理出了一批文物，其中居然有一只小巧玲珑的水晶放大镜。这支放大镜是一片圆形的水晶凸透镜，镶嵌在一个指环形的金圈内，能将非常小的东西放大四五倍。

可见在那个时候，我国的造镜技术和工艺已经达到了很高的水平。多数的考古学家认为，眼镜出现于南宋时期，发明者是狱官史沆。那时，我国眼镜的外形是一个椭圆形的透镜，透镜是用岩石晶体、玫瑰色石英、黄色的玉石和紫晶等材料制成的。当时，人们把佩戴眼镜看作是一种尊严的象征。

因为制作眼镜镜框的玳瑁被认为是一种神圣和珍贵的动物，而透镜的制作材料又是各种非常稀有的宝石，价格异常昂贵。所以，当时人们佩戴眼镜并不是为了增强视力，而为的是能走好运和对别人显示富贵。

正是因为当时人们只重视眼镜的价值而不注意它的实用性，所以在平民百姓当中并不十分流行。

至元代，意大利著名旅行家马可·波罗，曾经在1260年记下了一些我国老年人佩戴眼镜阅读图书的事。由此可见，眼镜在元代已经很

普遍了。

　　电熨斗现在已经进入了许多家庭，成为一种不可缺少的电器。据考古学家从挖掘出的古代文物和大量的史料证明，用以熨衣服的熨斗在我国的汉代时就已出现。

　　晋代的《杜预集》上就写道："药杵臼、澡盘、熨斗……皆民间之急用也。"由此可以看出，熨斗已经是晋代民间的家庭用具。

　　据《青铜器小词典》介绍，魏晋时期的熨斗，是用青铜铸成，有的熨斗上还刻有"熨斗直衣"的铭文，可见那时候的我国古代劳动人民就已懂得了熨斗的用途。

　　古代的熨斗不是用电，而是把烧红的木炭放在熨斗里等熨斗底部热得烫手以后再使用，所以又叫作"火斗"。此外，"金斗"也是熨

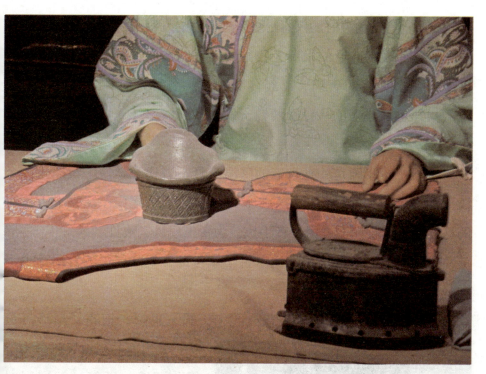

斗的名字之一，是指非常精致的熨斗，不是一般的民间用品，只有贵族才能享用。

我国古代的熨斗比外国发明的电熨斗早了1800余年，是世界上第一个发明并使用熨斗的国家。

钟表是我们日常生活中不可缺少的计时器。钟表的制造，在我国可以追溯至汉代。

汉代科学家张衡结合观测天文的实践发明了天文钟，可以说这是现在发现的世界上最古老的钟了。唐代，我国的制表技术有了巨大的发展。

古籍《新唐书·天文志》中就记载了一行等人制造"水运浑天仪"的故事，这个水运浑天仪是世界上最早的一个能自动报时的仪器。

仪器两旁各站有一个木头做的小人，每过一刻钟，小人就敲一下仪器。这种能够自动报时的仪器比欧洲机械钟的发明至少要早600多年。

随着钟表制造业的发展，我国的钟表制造技术也更加完备，出现了专门制造钟表的店铺，已经能够制造出各种报时钟、摆钟等。表上的指针也从原来的一针、两针，发展到3针、4针，可以计日、时、分、秒。

扇子，在我国是一种古老的降温工具。晋代经学博士崔豹《古今注》一书中说："舜作五明扇"，"殷高宗有雉尾扇"。古书上所写的这种扇子是长柄的，由侍者手执，为帝王扇风、蔽日。

作为夏天必备的扇子，据考古学家考证，我国扇子的发明至少不会晚于西汉时期。

古代扇子的形状很多，有圆形、长圆、扁圆、梅花、扇形等形

状。其扇面的用料又可分为丝绢、羽毛、纸等。至三国时期，我国开始流行在扇面上写字绘画，因而扇子又从一种降温工具转变成为一种艺术品。著名文人王羲之、苏东坡等都有过"题扇"、"画扇"的动人故事。

我国古人对扇子除了扇面、扇形非常讲究外，扇柄也十分讲究，仅材料就有许多种，如玉石、牙雕、木雕、竹雕、骨雕等。

　　考古学家在江苏省挖掘出了一座南宋时期的墓地。该墓发现了两把团扇，均是长圆形，以细木杆为扇轴，其扇面是纸质，呈褐色。其中一把扇子的扇柄为玉石。如此完整的宋代扇子的发现，实为我国古代生活史上一件珍贵的实物材料。

拓展阅读

　　唐玄宗李隆基曾经在宫内修建了一座可以用来避暑的"凉殿"。此殿除了四周积水到处成帘飞洒外，在里面还安装了许多水力风扇，即使是在很炎热的夏天，坐在里面的人也会感觉到像秋天般凉爽。

　　据说，当时的一个大学士，从炎热的阳光下到亭子里去叩见皇上的时候，由于温差变化太大，竟然被冻病了。

　　在当时的御史大夫的府里，也修建了一座"自雨亭子"。每逢炎热的夏天，御史大夫就躺在亭内消暑。可见古人对夏季降温想出了很多办法。

古代钓具的发明

钓具是从事钓鱼活动的专用工具。它是人类在长期的钓鱼过程中逐渐发明的，并且随着钓鱼活动的发展而不断地得以改进。

因此，古代钓具的制作突出地反映了古代钓鱼技术的发展水平。

古代钓具主要有网渔具、钓渔具两大类。这些钓具的制作工艺，是在历史发展中不断改进与完善的，反映了我国古代劳动人民的勤劳和智慧。

　　渔具的出现远早于农具，以后得到发展，种类也随之增多。唐代农学家陆龟蒙首次将渔具分成网罟、筌、梁、槮等10多类。明代《鱼书》分为网类、缒类、杂具、渔筏等若干类。

　　网渔具是最常用的一种捕捞工具，在捕捞活动中占有重要地位。传说伏羲"做结绳而为网罟，以佃以渔"。新石器时期网渔具即已广泛使用。在辽宁新乐、河南庙底沟以及浙、闽、粤等地原始文化遗存中就出土有大量的网坠和陶器上绘饰的渔网形图案。

　　先秦及后世有一种渔具，称为"罾"，其"形如仰伞盖，四维而举之"，系敷网类渔具。

　　宋代词人周密《齐东野语》在记载海洋捕捞马鲛鱼时，提到渔者"帘而取之"。帘即刺网，今闽广仍有如此叫法。它横向垂直设于通道上，阻隔或包围鱼群，使之刺入网目或被缠于网衣上而受擒。

　　清代初期学者屈大均《广东新语》提到索罛、围罛，即围网。索罟眼疏，专捕大鱼；围罟眼密，以取小鱼。这种网适于捕捞密集或合群的中上层鱼类。

古代属于网渔具的还有刺网类。刺网类可分为定置刺网、流刺网、围刺网和拖刺网。依布设的水层不同，又有浮刺网和底刺网之分。

刺网类网具所捕鱼类体型大小比较整齐，不伤害幼鱼，并可捕捞散群鱼，作业范围广阔，是一种进步的重要渔具。

清代古籍《渔业历史》中记载了刺网中的溜网，"其网用麻线结成，如平面方格窗棂，长约3丈，阔约两丈……所获以鳓鱼为大宗，用盐腌渍，色白味美。"

定置刺网的网具有着底刺网和浮刺网之不同，前者布设的水层接近海底，后者接近海面。布网以锚碇和木桩固定网位。

围刺网这种作业方法，有一种是用刺网包围鱼群后，敲击木板发出音响以威吓鱼类刺入网目加以捕获；另一种用围网包围鱼群后，再在包围圈内投放刺网捕捞。还有以网包围鱼群集中于岩礁处而捕捞的。

拖刺网是一种双船作业的底拖刺网，广东多地使用此法。

钓渔具也是历史悠久、使用广泛的捕鱼工具。

陕西省半坡、山东省大汶

口、黑龙江省新开流、广西壮族自治区南宁、湖北省宜昌等地新石器时期遗址的考古发掘中，就出土有相当数量的鱼钩，其形制有内逆刺、外逆刺、无逆刺和卡钓等，其质地有骨或牙、贝等，制作精致。

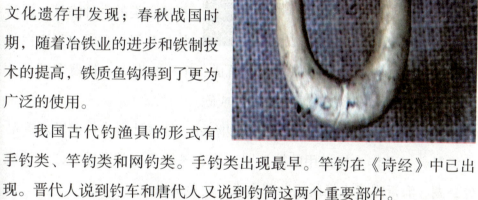

铜质鱼钩也已在早商时期的文化遗存中发现；春秋战国时期，随着冶铁业的进步和铁制技术的提高，铁质鱼钩得到了更为广泛的使用。

我国古代钓渔具的形式有手钓类、竿钓类和网钓类。手钓类出现最早。竿钓在《诗经》中已出现。晋代人说到钓车和唐代人又说到钓筒这两个重要部件。

钓筒，一般截竹而成，作为鱼漂用，俗称"浮子"，使鱼钩在水域中保持一定的深度。宋代竿钓渔具已具备了竿、纶、浮、沉、钩、饵6个部件，在结构上已趋于完备。

纲钓类即绳钓。以长绳作为纲，纲上每隔适当距离系一支线，线上系鱼钩，钩着饵，使鱼吞饵遭捕。

纲钓法最迟在清代中期前已出现，赵学敏《本草纲目拾遗》中已记述其在海洋钓捕带鱼的情况。

箔筌渔具是用竹竿或篾片、藤条、芦秆或树木枝条等所制成，广泛分布于南北各地，其形式和功能也多种多样，有的起源也很早。如

筍在原始社会文化遗址中已有发现。罩、罶、椮等在先秦汉代文献中时有记载。

箔筌渔具按其结构特点和使用方法大致分为栅箔类、笼箅类两种。

栅箔类是以竹木及其制品编织成栅帘状插在水域中拦捕鱼类的一种渔具。栅箔始自鱼梁。鱼梁也是以拦截方式捕鱼的，但鱼梁主要以土或石筑成，工程难度大、耗费多而且效果不佳。唐代称栅箔类渔具为篊、沪或籪。

笼箅类以竹篾藤条等编织成小型陷阱、潜藏处所或作盛贮水产品的渔具，以及作为捕捞用的筍、罶、篓、笭箵等通常设置在江河缓流处，湖、海近岸浅水场所或杂草边缘，使鱼虾入内。

根据捕捞对象的特性，有的在笼内放置芳香物、重膻味的饵料；有的以彩色、阴影等引诱；也有的将鱼笼编成细长状，口呈喇叭形，口颈部装有逆须，放在河流鱼虾通道上拦截，使其进去容易，出去难。

杂渔具则是除上述种类之外的许多结构各异、功用不一的渔具，如猎捕刺射用的、抓耙水底用的和窝诱用的渔具等。

在钓鱼方面，创造出网罩钓梁筌叉射沪椮等，不管什么水域，什么水层，都能展现身手。在古代条件下，创造全方位多角度多层次的渔业生产。

从历史上看，古代单人钓鱼主要有无钩钓、直钩钓、铁鱼钩、车钓、拖钓和滚钩钓等多种方法。

无钩钓的历史至少有5000年。在西安半坡遗址之中曾经出土过骨鱼钩。当然，半坡遗址中出土的也不是最早的钓鱼方法。最早的钓鱼方法应该是无钩钓。

在无钩钓之后，经历过一个直钩钓的阶段。所谓直钩钓是一种鱼卡，它用兽骨磨制，呈棒形，两端尖利，中间钻孔穿线。鱼儿吞之，会卡于口鳃。

鱼卡出现于新石器时代。而鱼卡、骨鱼钩与无绳钓也共同存在一段相当长的时间，后来发明了铜器铸造，又与上述3种钓鱼方法共存。

铁鱼钩出现于春秋时期，至西汉时期完成大换代。在钩、线、饵、竿等方面已经掌握了相当先进的技艺。

车钓出现于晋代，主要产生于长江流域。先人制一钓车，将长线缠绕于车上，鱼儿上钩膈，用钓车收线取鱼。这种车钓，是线轮的始祖。

还有一种筒钓，出现于唐代。它截竹为筒，不系线和钓钩；钓时定置于适当水域，无人看守，隔一定时间收线取鱼。

唐代诗人韩偓诗写道："尽

日风扉从自掩,无人筒钓是谁抛?"描写的就是这种筒钓。

拖钓出现在北宋时期南海海域。北宋时期地理学家朱彧在《萍洲可谈》中描述南海海域的拖钓:"渔人用大钩如臂,缚一鸡鹅为饵,俟大鱼吞之;随行半日方困,稍近之;又半日方可取,忽遇风则弃之。取得之鱼不可食,剖腹求所吞小鱼。"

由此可见,随着社会生产力的发展,宋代的钓鱼出现大的飞跃。一是钓具走向完善;另一方面,则是可在海上捕获大鱼。

滚钩钓是在一根竿上附结许多支线,支线再结大量钓钩,通常用于江海底层大鱼。这种钓法创于南宋时期,盛于明代。

李时珍在其《本草纲目》中记载:"鳣出江淮黄河辽海深水处,无鳞大鱼也……渔人以小钩近千沉而取之。一钩着身,动而护痛,诸钩皆着。"

拓展阅读

世传渔网是伏羲发明的。

一天,伏羲在河里摸鱼虾,遇到了海龙王。海龙王就出了个难题:只要摸鱼摸虾不用手,就随你去捉。

有一天,他躺在河岸上的大柳树下,想着捉鱼虾的办法。无意中看见身边一棵枯树,树枝上一只蜘蛛在织网,捉蚊子、飞虫吃。伏羲想了想:如果做一个像蜘蛛网一样的东西来捉鱼捉虾,不就行了吗?

伏羲欢喜地跑回家,带着孩子们上山割来葛藤,编起了像蜘蛛网一样的网,拿着网到河里捕鱼虾,一网撒下去,捕的鱼更多。

指南针及罗盘的研制

指南针是一种判别方位的简单仪器，又称"指北针"。常用于航海、大地测量、旅行及军事等方面。在指南针发明以前，古人是用天星来辨别方位的。我们的祖先就发明日圭用来分辨地平方位。日圭就是最早的罗盘。

我国发明的指南针和罗盘，对后来科学和技术的发展有极其重要的意义。

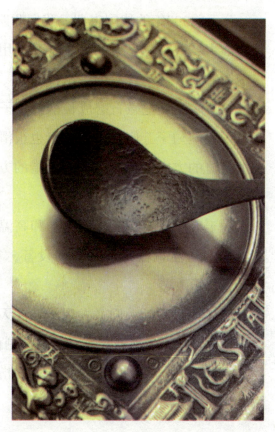

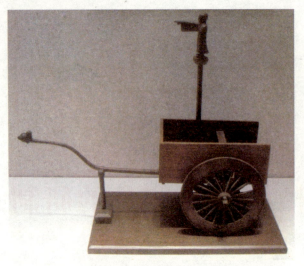

指南针是测量地球表面的磁方位角的基本工具，它的前身是我国古代四大发明之一的司南。

其主要组成部分是一根装在轴上可以自由转动的磁针，磁针在地磁场作用下能保持在磁子午线的切线方向上，磁针的北极指向地理的南极，利用这一性能可以辨别方向。

公元前300年的战国末期，我们聪明的祖先已经发现了磁石具有吸铁的能力，并且已经开始大量开采使用磁石，发明了"司南"，这是指南针的雏形。

"司南"是把磁石磨成长柄的勺子形，放在一个分成24个方向的铜盘上，"勺子"底很滑，铜盘也很滑，使"勺子"旋转，停止时，勺柄指着的方向便是南方，勺头指的方向就是北方。这是指南针的鼻祖。

由于天然磁石在强烈的震动和高温下，容易失去磁性，加上使用"司南"还需铜盘等许多辅助设备，很不方便。于是人们又对"司南"进行了改造。

至11世纪后，人们又发现了铁在天然磁石上摩擦后，也可以产生磁力，而且比天然磁石稳定，于是便制作了人造磁铁。

后来，有人用人造磁铁制造了"指南鱼"、"指南人"等形状各异的用于辨别方向的指南器具。

宋代科学家沈括在他的著作《梦溪笔谈》中记载了几种"指南针"的构造，记述了它的4种用法。

经过人们不断总结经验，对指南针进行改革，磁勺子由粗变细，逐渐成为一根针，磁针针尖指南，针尾指北，由此确定方向，指南针由此诞生。

指南针为我们的生活带来了许多方便，使人们无论是在浩瀚无边的大海，还是在高深莫测的天空，都可以辨别方向，不至于迷路。

科学史专家李约瑟博士指出：中国发明的利用指针标度盘的这些装置，是"所有指针式读数装置中最古老的"，并且"是在通向实现各种标度盘和自动记录仪表的道路上迈出的第一步"。

罗盘实际上就是利用指南针定位原理用于测量地平方位的工具，罗盘在风水上用于格龙、纳水和确定建筑物的坐向。

在指南针发明以前，地平方位不可能划分得很细。只能用北、东北、东、东南、南、西南、西、西北8个方位来描述方向和方位。

随着加工业的发展，磁针由原来的匙形转变为针形，并由水浮磁

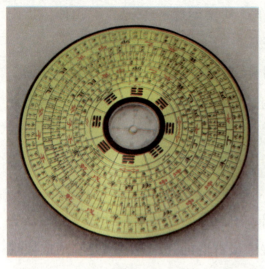

针转变为用顶针，使指南针的测量精度更加准确。

我国古人古人凭着经验把宇宙中各个层次的信息，如天上的星宿、地上以五行为代表的万事万物、天干地支等，全部放在罗盘上。风水师则通过磁针的转动，寻找最适合特定人或特定事的方位或时间。尽管风水学中没有提到"磁场"的概念，但是罗盘上各圈层之间所讲究的方向、方位、间隔的配合，却暗含了"磁场"的规律。

罗盘的发明和应用是人类对宇宙、社会和人生的奥秘不断探索的结果，罗盘上所标示的信息蕴含了大量古老的中国人的智慧。

拓展阅读

相传黄帝发明了指南车。黄帝和蚩尤大战于涿鹿之野，黄帝每当战斗即将胜利之时，总是有大雾弥漫山野，让人辨不出方向，以致前功尽弃。原来，这漫天大雾是蚩尤在祭坛上作法所致。

黄帝想，必须造出一个指示方向的工具，方能破掉雾，一举破之。他立即吩咐能工巧匠，按照他的计划造指南车。在指南车造好后的一个黄昏，黄帝率领部落，大举进攻蚩尤。

这时蚩尤再作雾也不灵了，黄帝部落在指南车的指引下，在迷雾中大败蚩尤，最终获胜。

建筑工程

　　我国建筑，具有悠久的历史传统和光辉的成就。生活在不同自然条件下的古代人们，因地制宜，因材致用，运用不同材料和不同技术，创造出了不同艺术风格的古代建筑。

　　我国古代杰出的建筑很多，如房屋建筑、陵园建筑、水利建筑等，本章列举桥梁和长城两项，让我们一同感受古人在建筑艺术上创造的巨大成就。

　　我国是"桥的国度"，古代木桥、石桥和铁索桥的世界领先水平，早为世人所公认。长城更是世界建筑史上的奇迹之一。

巧夺天工的桥梁建筑

我国是桥的故乡，自古就有"桥的国度"之称，发展于隋代，兴盛于宋代。遍布在神州大地的桥编织成四通八达的交通网络，连接着祖国的四面八方。

我国古代木桥、石桥、浮桥和铁索桥都长时间保持世界领先水平，在桥梁发展史上曾占据重要地位，为世人所公认。其建筑艺术在世界桥梁史上的创举，充分显示了我国古代劳动人民的非凡智慧。

我国古代木桥是以天然木材作为主要建造材料的桥梁。由于木材分布较广，取材容易，而且采伐加工不需要复杂工具，所以木桥是最早出现的桥梁形式。

考古专家发现的秦始皇时期的古渭河木桥，长约300米，宽达20米，是世界最大木桥。它在古代都城考古、尤其是世界桥梁建筑史和交通史等方面，都具有重要研究价值，为研究渭河交通及其变迁提供了重要资料。

秦代巨型木桥位于陕西省西安市北郊，主要由众多巨型木头和部分石块构筑而成。专家确认，这座木桥是用于联系跨渭河建设的秦都咸阳的南北两岸，是秦始皇居住的咸阳宫和位于渭河南岸的兴乐宫的重要交通枢纽。

其实，秦代木桥除了在秦始皇时期发挥过重要作用外，还延续至了汉代，成为汉代长安城北跨渭河的重要桥梁。

如今的渭河距离发现木桥的地方，初步测量已有7千米左右的距离。渭河的变迁一方面毁坏了秦咸阳宫，一方面也让3座2000多年前的木桥保存下来。这是研究人与自然关系的绝佳例证，对于人类文明与生态的演变史等具有重要意义。

我国的石拱桥在世界桥梁史上占有显著的地位。著名的古代石桥有：福建省泉州洛阳桥、河北省赵州桥和北京卢沟桥。

福建省泉州洛阳桥原名"万安桥"，位于福建省泉州东郊的洛阳江上，是我国现存最早的跨海梁式大石桥。由宋代泉州太守蔡襄主持建桥工程，从1053年至1059年，前后历7年之久，耗银1400万两，建成了这座跨江接海的大石桥。

桥全系花岗岩石砌筑，初建时桥长360丈，宽1.5丈，武士造像分立两旁。造桥工程规模巨大，工艺技术高超，名震四海。

桥之中亭附近历代碑刻林立，有"万古安澜"等宋代摩崖石刻；

桥北有昭惠庙、真身庵遗址；桥南有蔡襄祠，著名的蔡襄《万安桥记》宋碑立于祠内，被誉为书法、记文、雕刻"三绝"。洛阳桥是世界桥梁筏形基础的开端。

河北省赵州桥又叫"安济桥"，坐落在河北省赵县城南5里的洨河上。赵县古时曾称作"赵州"，故名。

赵州桥是隋代石匠李春设计建造的，距今已有1400多年，是世界现存最古老最雄伟的石拱桥。

赵州桥只用单孔石拱跨越洨河，石拱的跨度为37.7米，连南北桥堍，总共长50.82米。采取这样巨型跨度，在当时是一个空前的创举。

更为高超绝伦的是，在大石拱的两肩上各砌两个小石拱，从而改变了过去大拱圈上用沙石料填充的传统建筑形式，创造出世界上第一个"敞肩拱"的新式桥型。这是一个了不起的科学发明，在世界上相当长的时间里是独一无二的。

北京卢沟桥位于北京西南郊的永定河上，联拱石桥。桥始建于1189年，成于1192年，元明两代曾经修缮，清代康熙时重修建。

桥全长212.2米，有11孔。各孔的净跨径和矢高均不相等，边孔小、中孔逐渐增大。全桥有10个墩，宽度为5.3米至7.25米不等。

桥面两侧筑有石栏，柱高1.40米，各柱头上刻有石狮，或蹲，或伏，或大抚小，或小抱大，共有485只。石柱间嵌石栏板，高0.85米，桥两端各有华表、御碑亭、碑刻等，桥畔两头还各筑有一座正方形的汉白玉碑亭，每根亭柱上的盘龙纹饰雕刻得极为精细。

卢沟桥以其精美的石刻艺术享誉于世。意大利人马可·波罗的《马可·波罗游纪》一书，对这座桥有详细的记载。

浮桥是用船或浮箱代替桥墩，浮在水面的桥梁。军队采用制式器材拼组的军用浮桥，则称"舟桥"。浮桥的历史记载以我国为早。

广东省潮州广济桥俗称"湘子桥"，位于潮州市东门外，为古代

闽粤交通要道。为我国第一座启闭式浮桥。

潮州广济桥为南宋时所建。桥全长515米，分东西两段18墩，中间一段宽约百米，因水流湍急，未能架桥，只用小船摆渡，当时称"济州桥"。

明代重修，并增建5墩，称"广济桥"。正德年间，又增建一墩，总共24墩。桥墩用花岗石块砌成，中段用18艘梭船联成浮桥，能开能合，当大船、木排通过时，可以将浮桥中的浮船解开，让船只、木排通过。然后再将浮船归回原处。

潮州广济桥是我国也是世界上最早的一座开关活动式大石桥。广济桥上有望楼，为我国桥梁史上所仅见。

广济桥与赵州桥、洛阳桥、卢沟桥并称我国古代四大名桥，是我国桥梁建筑中的一份宝贵遗产。

我国索桥的发展较早。这种桥一般架在峡谷处，两岸山崖较陡，深水激流中不易立柱做墩。于是，山区人在生活实践中用悬索为桥，凌空飞渡的索桥由此诞生。

索桥的种类很多，若以材料区分，主要有藤桥、竹索桥和铁索桥。据古书记载，我国在北魏时期就出现了铁索桥。铁索桥是在竹索桥、藤索桥的基础上由我国人发明的。

我国古代铁索桥，最著名的要数位于四川省泸定县大渡河上的铁索桥，称为泸定桥。仅从制作架设上看，这座桥即可视为世界历史上铁索桥的代表。更因为红军"飞夺泸定桥"的英雄故事发生在这里，泸定桥更是闻名于世。

泸定桥是由清康熙帝御批建造的悬索桥。1705年，康熙皇帝为了祖国的统一，解决汉区通往藏区道路上的梗阻，下令修建大渡河上的

第一座桥梁，经过一年的修建，大桥于1706年建成。

康熙皇帝取"泸水"、"平定"之意，御笔亲书"泸定桥"3个大字，从此泸定铁索桥便成为连接藏汉交通的纽带，泸定县也因此而得名，这块御碑屹立在桥西。桥东还有1709年的"御制泸定桥碑记"。

拓展阅读

泸定桥西有座噶达庙。相传修泸定桥时，13根铁链无法牵到对岸。有一天来了一位自称噶达的藏族力士，两腋各夹一根铁链乘船渡岸安装，因过于劳累不幸死去。当地人修噶达庙纪念他。

传说终归是传说。实际上，在修建此桥时，能工巧匠们以粗竹索系于两岸，每根竹索上穿有10多个短竹筒，再把铁链系在竹筒上，然后从对岸拉动原已拴好在竹筒上的绳索，最后巧妙地把竹筒连带铁链拉到了对岸。在这里，我们看到的是我国古代劳动人民智慧的光芒。

建筑史奇迹万里长城

　　长城是我国古代在不同时期为抵御塞北游牧部落联盟侵袭而修筑的规模浩大的军事工程的统称。长城东西绵延上万华里，因此又称作万里长城。

　　长城是我国古代劳动人民创造的伟大工程，是我国悠久历史的见证。它雄伟壮观，工程十分艰巨，是世界建筑史上的奇迹之一。

　　春秋战国时期，北方游牧民族行动迅速的骑兵，行踪莫测，各诸侯国的步兵或骑兵，都无法阻止袭击和掳掠。为了防御别国入侵，修筑烽火台，并用城墙连接起来，形成了最早的长城。

　　最早出现的是楚国的方城，位于现在的河南省南阳地区。至战国时期，魏西河郡有长城，赵漳水上有长城，中山国西部有长城，燕易水有长城，齐沿泰山山脉有长城。这些长城，在战争中曾经起过很大的作用。

　　秦灭六国之后，即开始北筑长城。据记载，秦始皇使用了近百万劳动力修筑长城，占全国总人口的二十分之一。

　　当时没有任何机械，全部劳动都由人力完成，工作环境又是崇山峻岭、峭壁深壑，十分艰难，因此不难想象古人为建造长城所付出的艰辛与智慧。

　　根据历史记载及近些年来的考古发现，秦始皇长城大致为：西起于甘肃省岷县，循洮河向北至临洮县，由临洮县经定西县南境向东

北至宁夏固原县。由固原向东北方向经甘肃省环县，陕西省靖边、横山、榆林、神木，然后折向北至内蒙古自治区境内托克托南，抵黄河南岸。

黄河以北的长城则由阴山山脉西段的狼山，向东直插大青山北麓，继续向东经内蒙古集宁、兴和至河北尚义县境。由尚义向东北经河北省张北、围场诸县，再向东经抚顺、本溪向东南，终止于朝鲜平壤西北部清川江入海处。

秦末汉初，强大的匈奴乘中原战乱，不断进入长城以内掳掠，一直深入到代谷、太原、西河、上郡、北地等郡。直至汉武帝把匈奴赶到漠北以后，修复秦长城和修建外长城，长城的军事防御作用也才随之终结。

长城历史达2000多年，今天所指的万里长城多指明代修建的"内边"长城和"内三关"长城。

"内边"长城起自内蒙古与山西交界处的偏关以西，东行经雁门关、平型关入河北，然后向东北，经涞源、房山、昌平诸县，直达居庸关，然后由北向东，至怀柔四海关，以紫荆关为中心，成南北走向。

　　"内三关"长城在很多地方和"内边"长城并行，有些地方两城相隔仅数十千米。除此以外，还修筑了大量的"重城"。雁门关一带的"重城"就有24道之多。

　　若把各个时代修筑的长城加起来，大约有50000千米以上。其中秦、汉、明3个朝代所修长城的长度都超过了5000千米。

　　我国新疆、甘肃、宁夏、陕西、内蒙古、山西、河北、北京、天津、河南、山东、湖北、湖南及东北三省等省、市、自治区都有古长城、烽火台的遗迹。

　　长城的防御工程建筑，在2000多年的修筑过程中积累了丰富的经验。在布局上，因地形而制塞的经验，成为军事布防上的重要依据。

　　在建筑材料和建筑结构上，以"就地取材、因材施用"的原则，创造了许多种结构方法。有夯土、块石片石、砖石混合等结构；在沙漠中还利用了红柳枝条、芦苇与砂粒层层铺筑的结构，可称得上是"巧夺天工"的创造。

　　长城的城墙、关城和烽火台，集中反映了当时工匠匠心独运的艺术才华。

墙身是城墙的主要部分，平均高度为7.8米，有些地段高达14米。凡是山冈陡峭的地方构筑得比较低，平坦的地方构筑得比较高；紧要的地方比较高，一般的地方比较低。

墙身是防御敌人的主要部分，其总厚度较宽，基础宽度均有6.5米，墙上地坪宽度平均也有5.8米，保证两辆辎重马车并行。

墙身由外檐墙和内檐墙构成，内填泥土碎石。外檐墙是指外皮墙向城外的一面。外檐墙的厚度，一般是以"垛口"处的墙体厚度为准，这里的厚度一般为一砖半宽，根据收分的比例，越往下越厚。砖的砌筑方法以扁砌为主。

内檐墙是指外皮墙城内的一面，构筑时一般没有明显的收分，构筑成垂直的墙体。

墙身在构筑时，有明显的收分，收分一般为墙高125%。墙身的收分，能增加墙体下部的宽度，增强墙身的稳定度，加强它的防御性能，而且使外墙雄伟壮观。

墙的结构是根据当地的气候条件而定的。总观万里长城的构筑方法，其类型主要有版筑夯土墙、土坯垒砌墙、青砖砌墙、石砌墙、砖石混合砌筑、条石及泥土连接砖。

用砖砌、石砌、砖石混合砌的方法砌筑城墙，在坡度较小时，砌筑的砖块或条石与地势平行，而当地势坡度较大时，则用水平跌落的方法来砌筑。

长城的关城是万里长城防线上最为集中的防御据点。关城设置的位置至关重要，均是选择在有利防守的地形之处，以收到以极少的兵力抵御强大的入侵者的效果。古称"一夫当关，万夫莫开"，生动地说明了关城的重要性。

长城沿线的关城有大有小，数量很多。就以明长城的关城来说，大大小小有近千处之多，著名的如山海关、黄崖关、居庸关、紫荆关、倒马关、平型关、雁门关、偏关、嘉峪关以及汉代的阳关、玉门关等。

烽火台是万里长城防御工程中最为重要的组成部分之一。它的作用是作为传递军情的设施。烽火台这种传递信息的工具很早就有了，

长城一开始修筑的时候就很好地利用了它而且逐步加以完善，成了古代传递军情的一种最好的方法。

烽火台除了传递军情外，还为来往使节保护安全，提供食宿、供应马匹粮秣等服务。有些地段的长城只设烽火台而不筑墙的，可见烽火台在长城防御体系中的重要性。

总之，万里长城是我国古代一项伟大的防御工程之一，它凝聚着我国古代人民的坚强毅力和高度智慧，体现了我国古代工程技术的非凡成就，也显示了中华民族的悠久历史。

拓展阅读

相传，古时有一对燕子筑巢于嘉峪关柔远门内。一日清早，两燕飞出关，日暮时，雌燕先飞回来，但雄燕飞回时关门已闭，遂悲鸣触墙而死，为此雌燕悲痛欲绝，不时发出"啾啾"燕鸣声，一直悲鸣到死。

死后其灵不散，每到有人以石击墙，就"啾啾"声向人倾诉。

古代时，人们把在嘉峪关内能听到燕鸣声视为吉祥之声，将军出关征战时，夫人就击墙祈祝，后来发展到将士出关前，带着眷属子女，一起到墙角击墙祈祝，以至于形成一种风俗。

交通运输

　　我国是疆域广大、海陆空辽阔的国家，有着发展水陆空交通的优越条件。

　　几千年来，生活在神州大地的中华民族，不仅写下了陆路交通的悠久历史，开创了水路交通的光辉历程，而且开辟了载人航天的新天地，用他们的勤奋和才智谱写出世界交通史上最壮丽的篇章。

　　我国古代陆路交通工具方面发明的车、马和轿，水路交通工具方面发明的独木舟、木板船及后来的弘舸巨舰，载人航天方面发明的奇肱飞车，无不体现了我国古人的聪明才智。

陆路交通工具的发明

我国古代陆路交通工具主要是车、马、轿。《史记》中的"陆行乘车，水行乘船，泥行乘橇，山行乘檋"，是对古代几种主要交通工具性能的总结。

春秋战国时期，畜力坐骑和人、畜力运输工具，已在境内广泛使用。舆轿是一种独特的代步工具。舆轿经历朝历代的发展，先后出现了"肩舆"、"步辇"、"轿子"、"礼舆"等。

我国是世界上最早发明和使用车的国家之一，相传在黄帝时已知造车。夏代还设有"车正"的职官，专司车旅交通、车辆制造。

轮是车上最重要的部件，《考工记》中说"察车自轮始"，因此，轮转工具的出现和使用是车子问世的先决条件。

古人运送物品，最初主要靠背负肩扛或手提臂抱，进而采用绳曳法。后来利用所谓橇载法，进而把圆木垫在木橇之下，借其滚动而移动木橇。

这种圆木与木橇的结合，可以说是车的雏形，装在木橇下的圆木可以视为一对装在车轴上的最原始的特殊形式的"车轮"。

利用车轮滚动而行，减少了车与地面的摩擦，省人力，又可多载重物，还可以长途运输。而当这个发明轮子被安装上轴时，人们就开始利用轮子把一个物体从一个地方移到另一个地方。

车的问世，标志着古代交通工具的发展进入了一个新的里程。我国所能见到的最早的车形象和实物均属商代晚期。继商车之后，西周、春秋战国时期的车实物在考古中也多有发现。

比如：西汉时期的双辕车和东汉的独轮车；两晋南北朝时期至唐代的牛车；两宋时期的太平车与平头车；明清时期的骡车。

驾马车的工具分为鞍具和挽具。鞍是鞍辔的统称，挽具则是指套在牲畜身上用以拉车的器具。

鞍具与挽具在汉代以后多有变化，或增或减，或同为一物而异名，或同为一名而异物。如清代轿车的鞍挽具就极为复杂，有夹板儿鞍子、套包、搭攀、后鞦、套靷、滚肚、嚼子、前靷、缰绳等。

马是人在陆路上的代行工具之一。我国古代单骑的马具也和马车的鞍具挽具一样，经历了一个漫长的发展过程。一套完备的马具，是由络头、衔、镳、缰绳、鞍具、镫、胸带和鞦带几部分所组成。

马镫，是马具中至关重要的一个部件。马镫的产生和使用，标志着骑乘用马具的完备。

舆轿也是代步工具。《史记》曾记载，大禹治水"山行乘欙"，欙就是轿。这是古文献中对舆轿类的最早记载，只是远古的事，荒邈难稽，人们已无从考证夏代舆轿的形制。

至今，人们所能见到的最早的舆轿实物属春秋战国时期。1978年从河南省固始侯古堆一座春秋战国时期的古墓陪葬坑中，发掘出3乘木质舆轿，由底座、边框、立柱、栏杆、顶盖、轿杆和抬杠等部分组成。

在我国历史上出现的舆轿，有魏晋南北朝时期的"肩舆"或"平肩舆"，盛唐之世的"步辇"、"步舆"、"檐子"、"舁床"，宋代的"显轿"与"暖轿"，清代的"礼舆"、"步舆"、"轻步舆"和"便舆"等。

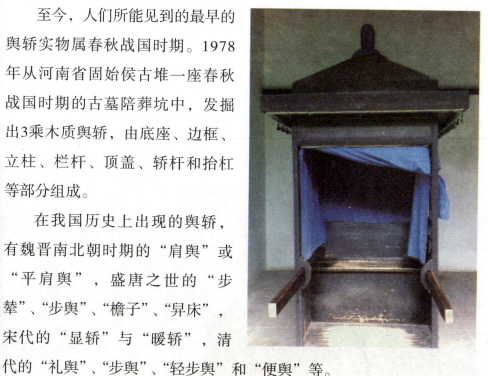

拓展阅读

用车作战的方法到唐代已完全过时了。756年安禄山攻长安时，文部尚书房琯亲率中军为前锋，在咸阳县陈涛斜与安禄山之军队进行了一场战斗。

房琯是个读书人，做了宰相，他看到"春秋"上讲的都是车战，便用牛车2000乘，马步夹之，仿效古人与敌作战。敌方顺风扬尘鼓噪，牛都惊骇，又点燃柴草，结果战败。

水路交通工具的发明

长期与自然界的抗争不断增添了人们的智慧，自然现象的反复出现也给人以一定的启迪。古人终于认识到某些物体具有浮性，自然漂浮物成为人们创造舟船工具的最早诱因。

从独木舟到木板船是我国古代造船史上的一次重大飞跃。在此基础上，此后的各种弘舸巨舰、楼船方舟也陆续产生。

　　我国古人对单根竹木浮力的认识是逐步加深的。由于单根竹木浮在水中易滚动而且面积窄小，运载力有限，于是，古人就将数根并扎，以利于平稳漂浮和运载量的增加，这样可载物又可载人。

　　古人创制的最早的水上交通工具筏子，是一种用树干或竹子并排扎在一起的扁平状物体。筏子，古时也称为"桴"、"泭"，或"箄"。

　　继编木为筏之后，《周易·系辞》中说"刳木为舟"。"刳"是割开、挖空的意思，"舟"是指古代船舶的直系祖先独木舟。

　　有了舟，人们尚不能在水中随意行驶，还必须有推动独木舟行进的工具。《周易·系辞》中说"剡木为楫"，即是指古人制桨的方法，"剡"的意思是削。削木头做成桨，以推进舟的行驶。人们才可较随意地在水面上活动。

　　独木舟具体出现的时代尚不能断定。

　　1977 年在浙江省余姚河姆渡遗址中，出土一柄用整木"剡"成的木桨，表明至迟在大约7000年前，我国已开始使用独木舟。同时也说明，我国发明和使用舟船的历史较之车马出现的时代要早数千年之久。

隋代双体独木舟

　　我国古代独木舟的形制，大致有3种：一种头尾均呈方形，不起翘，接近平底；一种呈头尖尾方形，舟头起翘；一种头尾均呈尖形，两头起翘。

　　独木舟的优点就在于一个"独"字，舟身浑然一体，严整无缝，不易漏水，不会松散，而且制作工艺简单，所以沿用的历史很长。直至今日，在我国西南少数民族地区，独木舟还被用作渡河工具。

　　筏子与独木舟的相继出现，是人类开拓水域交通迈出的第一步。有了它们，人类的活动范围便从陆地扩大到水上，人类从此可以跨江渡河，大大缩短了地域上的阻隔。

　　在独木舟的基础上，人们开始直接用木板造船，创制出新型的船，这就是木板船。早期的木板船是由一块底板和两块侧板组成的最简单的"三板船"。全船仅由3块板构成，底板两端经火烘烤向上翘起，两侧舷板合入底板，然后用铁钉连接，板缝用刨出的竹纤维堵塞，最后涂以油漆。

　　舟船的出现原本是人类为了满足载货、运输和生产的需要，但在奴隶制社会的夏、商、周时期，舟船和马车一样，也成为了战争的主要工具。

　　战舰是从民用船只发展起来的，但由于战舰既要装备进攻武器，又要防御敌舰攻击，所以其结构和性能均比民用船只要优越得多。因此可以说，战舰是当时造船技术水平的最高体现。

秦汉时期的船只类型多，规模大，而且行船的动力系统、系泊设施基本完备。

从文献记载看，当时水军的战舰种类繁多，有"艅艎"、"三翼"、"突冒"、"戈船"等。

"艅艎"又称"余皇"，船头装饰鹢首，专供国君乘坐，因此又称"王舟"。战时则作为指挥旗舰。"三翼"指大翼、中翼、小翼，即3种同类型轻捷战舰的合称。"突冒"是一种冲突敌阵的小型战船。"戈船"是一种船上安有戈矛的战船。

魏晋南北朝时期至隋唐五代，我国船舶制造有两个方面值得提出来，一是沙船的出现；二是设置水密舱。

沙船是我国古代四大航海船型之一。它是在古代平底船基础上发展起来的一种船型。据专家考证，沙船始造于唐代的崇明岛，首尾俱

方，又增强了抗纵摇的阻力。成为唐宋元明清各代内河、近海、远洋船舶中的主要船型之一。

将船舱用隔舱板隔成数间，并予以密封，这种被隔开的舱称为"水密舱"。

水密舱的出现也是我国对世界造船技术的一大贡献。世界其他国家直至18世纪末，才吸收了我国这一先进技术，开始在船上设置水密舱。

宋元时期的造船较之前代又有改进，更为完善。海船在中部两舷侧悬置竹梱，称"竹𥯤"。其作用是消浪和减缓船只左右摇摆，以增强航行的稳定性。同时它也是吃水限度的标志。

大船都有大小两个主舵，舵可升降，根据水的深浅交替使用。这种平衡舵的舵面呈扁阔状，以增大舵面面积，提高舵控制航向的能力。而且又因一部分舵面积分布在舵柱的前方，可以缩短舵压力中心对舵轴的距离，减少转舵力矩，操纵更加灵便。

宋元时已开始使用仪器导航。此外，这一时期还出现了导航标

志，以指示船舶安全进港。

明代是我国造船史上的第三次高峰，最能反映明代造船技术水平和能力的，当属郑和所乘坐的宝船。大型宝船长约150米，宽约60米。

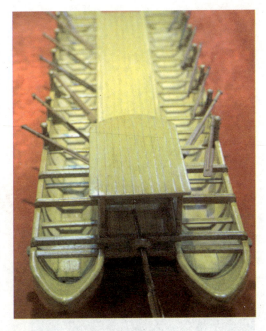

据推测，郑和每次出洋的船舶数量当在100艘以上，其中大型宝船在40多艘至60艘之间，另外还有马船、粮船、坐船、战船等大小辅助船只。

明代造船不仅数量多、规模大，而且船舶的种类也很多。有运输船、海船、战船等。如此种类众多的船舶，其船型除沙船和福船船型以外，还有广船与鸟船船型。

拓展阅读

在古代，各种交通工具的利用以及规模、形制等方面仍有一系列制度上的规定。比如明代规定，在京三品以上者可以乘轿，四品以下不得乘轿。不过在实际生活中，违礼逾制常常存在。

在明代长篇世情小说《金瓶梅》中，我们看到，西门庆外出一般骑马，他家以及其他一些有势力之家的妇女无论有无职衔，基本一律乘轿。若出远门，则或骑马，或乘轿，比如西门庆曾赴东京陛见，"一路天寒坐轿，天暖乘马"。

空中载人工具的发明

自古以来，行走于地上的人类一直向往着能像鸟儿一样在天空翱翔，所以才有了"嫦娥奔月"的神话传说，同时人类也不懈地进行着飞天的探索与尝试。我国古代载人飞行器也同样走在世界前列。

且不说我国古代的"四大发明"如何惠及世界泽被后世，单单在载人飞行器方面的大胆探索，就足以令世界对古老的中国惊异和敬仰。

据传说，远在3500年前的商汤时期，古人就已经发明制造了借助风力飞行的载人飞行器"奇肱飞车"。

据《山海经·海外西经》中的记载的奇肱国，国中男子善机巧，曾经制作的一种能借助风力能载人在天空远距离飞行的装置。

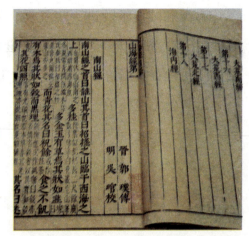

传说大禹就曾乘坐过这种飞车。大禹等人从男子国往南，就到了奇肱国。从今天的重庆乘"奇肱飞车"穿过湖北省西北部直达河南省中部，其间有1000千米航程，飞车4天就能到达。

"奇肱飞车"可以说是最早的飞机，但因为是无动力的，乘坐它只能从风而行。

类似的文字也见于晋文学家张华《博物志·外国》记载："奇肱民善为拭扛，以杀百禽。能为飞车，从风远行。"

《山海经·海外西经》和张华的资料来源出自何典，奇肱飞车的构造如何，其借助风力飞行的装置是风帆还是螺旋桨，现在已经无从考证不得而知了。

但是它的出现不仅远在黄帝的指南车之后，而且还有"善为拭扛"的当时机械制作技术作为背景，所以它的出现应该是没有违背科学发展逻辑的。

如果说《山海经》、《博物志》上所载商汤时期的"奇肱飞车"语焉不详，不足采信，那么晋代葛洪《抱朴子》所载飞车就不得不令人信服了。

随着机械技术的进一步发展，魏晋时期人们利用空气的反作用力原理制成"登峻涉险远行不极之道"的飞行器具，使之发展成为一种较为便利具有实用价值的飞行交通工具了。

葛洪在《抱朴子》中记载：

> 或用枣心木为飞车，以牛革结环剑，以引其机。或存念做五蛇六龙三牛，交罡而乘之，上升四十里，名为太清。太清之中，其气甚罡，能胜人也。师言鸢飞转高，则但直舒两翅，了不复扇摇之而自进者，渐乘罡气故也。

这段话不仅言之凿凿地记载了飞车的结构分为用枣心木制成的飞行装置，和用牛革制成的动力装置环剑两个部分，而且还记载了"太清之中，其气甚罡"的空气动力学知识。所谓罡风或罡气就是高空中强烈的风或气流。古代儿童的竹蜻蜓玩具，可以作为古人能够制作螺旋桨飞行装置的旁证。

按照《抱朴子》所载飞车结构，用古代已有的机械技术完全可以复制出一部载人飞行器。元明清时期以来，民间能工巧匠制造飞行器的就更多了。

古时的火箭是将火药装在纸筒里，然后点燃发射出去，起初只是用

于过年过节放烟火时使用，是我们祖先首先发明的。第一个想到利用火箭飞天的人，是明代的士大夫万户。

万户把47个自制的火箭绑在椅子上，自己坐在椅子上，双手举着两只大风筝，然后叫人点火发射。设想利用火箭的推力，加上风筝的力量飞起。

在发射当天，万户穿戴整齐，坐上座椅。随从他的47位仆人同时点燃了烟花。随着一阵剧烈的爆炸，当硝烟散尽后，万户和他的"飞行器"已经灰飞烟灭。

目前，只有火箭才能把人送上太空。以此为标准，最早尝试飞天的应是明代的万户飞天。万户考虑到加上风筝的上升的力量飞向前方，这是很少有人想到。西方学者考证，万户是"世界上第一个想利用火箭飞行的人"。

据清代著名学者毛祥麟撰《墨余录》记载，元顺帝年间，平江漆工王某，富有巧思，能造奇器，曾制造一架"飞车"，两旁有翼，内设机轮，转动则升降自如。

上面装置一袋，随风所向，启口吸之，使风力自后而前，鼓翼如挂帆，度山越岭，轻若飞燕，一时可行200千米，越高飞速越快。实令观者为之惊叹"真奇制"。

这种带有风袋的飞机，利用自后而前的风力实现飞行，应该也是如同"奇肱飞车"一般从风远行，可能还不能实现自由驾驶。

据明末清初布衣诗人徐崧《香山小志》记载：清代初期吴县能工巧匠徐正明，从少年时就"性敏，志专一"，他设计、制造的车辆，灵巧牢固，在乡里颇有声誉。

吴县是江南鱼米之乡，地处太湖之滨，河湖港汊，纵横交错，交通不便。

有一天，徐正明偶读古代典籍《山海经》，得知商汤时期有"奇肱飞车"，受到启迪，立志制造一架"飞车"飞越湖渠港汊，方便交通。

徐正明潜心钻研"飞车"，经过一年苦思冥想，完成了"飞车"的设计草图。接着，他便"按图操斫，有不合者削之，虽百易不悔"。

由于徐正明"家故贫"，他只好边打短工，边造"飞车"。经过10年锲而不舍地苦心钻研，他终于制造出一架"栲栲椅式"的"飞车"。

这架"飞车"构思精绝，"下有机关，齿牙错合，人坐椅中，以两足击板上下之，机转风旋，疾驰而去"，"离地尺余，飞渡港汉"，令乡人为之叹绝。

徐正明制造的"飞车"试飞成功后，决心进一步改进，提高飞行高度。但是徐家贫困日甚，"妻、子啼号"，孤身无援。在贫病交加、生活重压下，他"不幸早殁"。

更为遗憾的是，徐妻因丈夫将毕业心血花在"飞车"的研制上，不禁伤心落泪，竟将它"斧斫火燎"化为灰烬了。

徐正明的这架"栲栲椅式"的"飞车"，被《香山小志》详细地记载下来，从中可以了解到这架飞车是依靠人力驱动连杆、齿轮、进而带动"机转"，产生"风旋"。这很有可能是一架人力旋翼机。

再据《湘潭县图志十二篇》、《湘潭县志》等记载：清嘉庆、道光年间，有个年轻人叫石甘四，"有技勇举三百斤，能巧思造奇器，尝读《蜀志》，见木牛流马法，曰：'此易耳'。遂为木人，执器左右；供使令。继后，又以鹅毛作床如鸟翅，坐则腾上二十丈，横行五里许。其时，西夷轻气学未传，甘四以重力升之"，实在可与《天方夜谭》中神奇魔毯相媲美。

石甘四的"飞床"使用鹅毛制成机翼，重量轻，能有效扇动空

气，也有其合理性。

事实上，我国古代科学技术水平长期以来远远领先于世界各国。从载人飞天的飞车的发明，恰恰表现了中华民族先辈的勇敢探索精神和杰出智慧。

拓展阅读

文献记载，在一个月明如盘的夜晚，万户带着人来到一座高山上。他们将一只形同巨鸟的"飞鸟"放在山头上，"鸟头"正对着明月。

万户拿起风筝坐在鸟背上的驾驶座位椅子上。他自己先点燃鸟尾引线，一瞬间，火箭尾部喷火，"飞鸟"离开山头向前冲去。接着万户的两只脚下也喷出火焰，"飞鸟"随即又冲向半空。

后来，人们在远处的山脚下发现了万户的尸体和"飞鸟"的残骸。这个故事后来被记载为"万户飞天"。

军事

　　我国古代兵器在祖国悠久的历史长河中，积累下一部璀璨耀目的史册。每一页都凝聚着我国古代劳动人民勤劳、智慧的结晶，每一篇都叙说着石斧铜戟、金戈铁马的赫赫战绩。

　　弓箭和弩是我国古代冷兵器中的重要发明，前者既是生产工具又是武器，后者则是盛极一时的新式武器。我国是世界上最早发明火药的国家，距今已有2000多年的历史。火药被发明后，很快用来制造热兵器，包括火铳、地雷等，这些武器，在战争中发挥了重要作用。

古代冷兵器发明创造

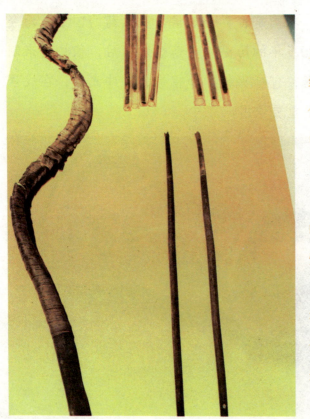

冷兵器一般指不利用火药、炸药等热能打击系统、热动力机械系统和现代技术杀伤手段，在战斗中直接杀伤敌人，保护自己的武器装备。

我国古代冷兵器中的弓箭和弩，是我国古代劳动人民了不起的发明。

在历史上，弓箭具有生产工具和武器的双重作用，弩则是盛极一时的新武器。

弓箭，是我国古人常用的一种工具和兵器。弓箭的最早发明者在我国，这是毫无疑问的。

但发明者究竟是谁，是什么时候制造出弓箭来的，古书上的说法不一，有的说是伏羲创造出的弓箭，也有的说弓箭是黄帝发明的，还有的古书说是后羿发明了弓箭等。

其实，据考古学家考证，这些说法都不准确，因为从挖掘出的文物来看，科学家们认为，弓箭问世的时间，比这些传说中的人物还要早得多，在我国可以追溯至两三万年前的旧石器时期。

从各种古籍和出土的文物上可以看出，人类发明的最早的弓箭样子很简陋，是用一根树枝或者一根竹子，把它弯起来就是弓箭的弓本，用植物的藤或者动物的筋做弦。

这种最原始的半月形的弓箭，由于弓体已经弯曲到了很大的程度，所以发射出来的力量很小。

后来，人们不断总结经验，把弓体改为"弓"形，使弓箭的中间部分凹进去，不上弦时弓体不会有很大的变化，这样就可以储备更多更大的势能，增大弓箭的杀伤力。

科学家们从金文、甲骨文的"弓"字来源于返曲弓的形状推测，可见它的发明和使用比它的文字出现还要早。

特别值得一提的是，考古学家们在山西省的旧石器时代后期的遗址里发现了那时打制的石箭头，可以想象我国制造弓箭的历史有多么久远！

至东周时期，我国的弓箭制造有了很大的提高。很长的时间之内，弓箭都是兵家、猎户手中的重要武器。

弓箭在使用时需要一手持弓箭，一手拉弦，因此影响了射箭的准确度。

为了克服这些不足，我国古代人借鉴用于杀死猎物的原始弓形夹子，产生了制造弩的最初想法，即在弓臂上安上定向装置和机械发射体系，命中率和发射力大大提高。就这样，比弓的性能更加优越的弩诞生了。

由此看来，弩就是装有臂的弓。它作为我国古代的一种常规武器，显然是由弓演化发

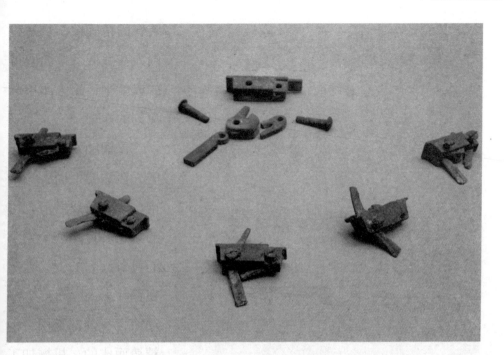

展而来。

弓箭的使用在我国至少已有两三万年的历史，弩作为我国军队的常规武器则有2000多年的历史。从保存下来的有关弩的详细描述看，最早的弩是一种青铜手枪式，其顶部的设计属于周朝早期。

据《事物纪原》记载，弩是战国时期楚国冯蒙的弟子琴公子发明的，"即弩之始，出于楚琴氏之也。"

在长沙楚墓出土的文物中，就有制造得相当精巧的弩机。它外面有一个匣，匣内前方有挂弦的钩，钩的后面有照门，照门上刻有定距离的分划，其作用类似现代步枪上的标尺。

匣的下面有扳机与钩相连，使用时，将弓弦向后拉起挂在钩上，瞄准目标后扣动扳机，箭即射出，命中目标。弩的发明是射击兵器的一大进步。

我国古籍中关于弩的记载很丰富。《吕氏春秋》记述了青铜触发

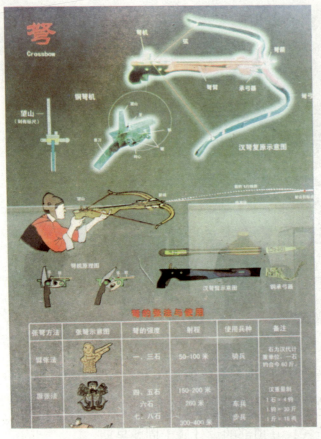

弩
Crossbow

汉弩复原示意图

弩机原理图　汉弩复原示意图　铜承弓器

弩的张法与使用

张弩方法	张弩示意图	弩的强度	射程	使用兵种	备注
蹶张法		一、三石	50-100米	骑兵	石为汉代计量单位,一石约合今60斤
腰张法		四、五石 六石	150-200米 260米	车兵 步兵	汉重量制 1石=4钧 1钧=30斤 1斤=16两
		七、八石	300-400米		

装置的精确性,它是我国人在发展弩方面取得的成就中,给人印象最深刻的。

青铜触发盒嵌入托中,在它的上面有一个槽,放弓箭或弩箭。弩的触发装置是一个复杂的设备,它的壳,包括在两个长柄上的3个滑动块,每件都是用青铜精铸而成的,机械加工达到令人难以想象的精确度。

战国时弩机的种类就比较多了。如夹弩、庾弩是轻型弩,发射速度快,通常用于攻守城垒;唐弩、大弩是强弩,射程远,通常用于野战。

据《战国策》记载,韩国强弓劲弩很出名,有多种弩皆能射600步远。《荀子》也载有魏国武卒"有12石之弩"等事例。

弩的发明、制作和使用,在战争中发挥了巨大作用。公元前341年,齐、魏两军在马陵展开大战,即著名的"马陵之战"。孙膑指挥齐军埋伏在马陵道两侧,仅弩手就有近万名。当庞涓率魏军经过此地时,万弩齐发,魏军惨败,庞涓自杀身亡。

弩的数量也很可观。公元前209年,秦二世有5万名弩射手。公元前177年，汉文帝手下的弩射手数目与秦相差不多。但这并非意味着在当时只有几万副弩。

据《史记》记载，约在公元前157年，汉太子刘启掌管有几十万副弩的军火库。这就是说，2000多年前，我国人已经有了成批生产复杂机械装置的能力。

有学者认为，我国弩的触发装置"几乎和现代步枪的枪栓装置一样复杂"。

汉代弩的制造有了进一步发展，并逐步标准化、多样化，不但有用臂拉开的擘张弩，还有用脚踏开的蹶张弩，但通常用的是6石弩。

汉代格栅瞄准器的发明并很快用于弩上，进一步提高了弩的命中率。这些格栅瞄准器在世界上是最早的，和现代的照相机和高射炮中的有关机械装置类似。

三国时期，诸葛亮还曾设计制造了一种新式连弩，称为"元

戎"，"以铁为矢"，每次可同时发射10支弩箭。

弩是分工制作的，已发现的大多数弩的触发装置上都有制作者刻的名字和制造日期。弩的致命效用的原因之一是广泛采用毒箭。而且由于瞄准好的弩箭能够很容易地穿透两层金属头盔，所以没有人能抵挡得住。

在以后的各朝代中，弩作为一种重要的兵器仍备受青睐，并得以进一步的改进和提高。

北宋时期，有人敬献给皇帝的一种弩，可以刺穿140步开外的榆木。还有一种石弩，它可用连在一起的两张弓组成，需几个人同时拉弦，可一齐射出几支弩箭，一次即可杀死10个人。

宋代的手握弩可射500米远，在马背上时可达330米远。

连发弩克服了装箭的困难，可以快速连射。弩箭盒安装在弩托里的箭槽的上方，当一支弩箭发射后，另一支马上掉到它的位置上来，

这样就能快速重复发射。100个持连发弩的人，在15秒内可射出2000支箭。

连发弩的射程比较短，最大射程200步，有效射程80步。

连发弩在明神宗时已广为流传，有不少样品至今仍保存在博物馆中。自明代以后，随着火药大规模的应用在战场上，热兵器逐渐取代了弩的地位。

拓展阅读

在三国鼎立的期间里，蜀汉的军事科技是三国之冠。由于蜀汉一直处于劣势，形势逼迫蜀汉必须要造出精良、先进的武器以抵御、战胜较强大的敌人。很多种武器跟工具都是基于这些原因而被发明制造出来的，如诸葛亮发明的"元戎弩"就是一例。

除此之外，蜀汉还有一种"侧竹弓弩"。当时的东吴人很喜欢蜀汉的侧竹弓弩，但不会制作，后来当知道俘获的蜀汉将领中有人会制作后，就立即令他们制作。可见，侧竹弓弩也是蜀汉拥有的先进武器之一。

古代热兵器发明创造

火药是我国古代的伟大发明之一。火药用于军事行动，从此揭开了古代兵器发展史上热兵器的新篇章。

火药发明以后，至迟到10世纪时，我国已经开始用火药来制造热兵器，包括炸弹、火焰喷射器、葫芦飞雷、火铳、地雷等。这些武器，在当时的战争中发挥了巨大的作用。

如民族英雄戚继光就是利用明朝发达先进的造船技术和火药兵器，水陆并进，南征北战数十年，基本解除了外敌对我国沿海的骚扰。

震天雷

南宋称"铁火炮"，是世界上最早的金属炸弹。震天雷用生铁铸成，有罐子式、葫芦式、圆体式和合碗式等四种。其中罐子式震天雷，口小身粗，厚二寸，内装火药，上安引信。用时由抛石机发射，或由上向下投掷。据《金史》记载："火药发作，声如雷震，热力达半亩以上，人与牛皮皆碎迸无迹，铁甲皆透"。

　　唐末宋初开始出现了火药火箭和火药火炮。宋真宗时的神卫水军队长唐福和冀州团练使石普，曾先后分别在皇宫里做了火箭、火球等新式火药武器，受到宋真宗的嘉奖。

　　从此，火药成为宋军必备装备。北宋朝廷在首都汴京建立了火药作坊，是专门制造火药和火器的官营手工业作坊。

　　金世宗大定年间，阳曲北面的郑村有个以捉狐狸为业的人，名字叫铁李，他制造了一种陶质的下粗上细的"火罐炸弹"，把火药装入罐内，在上面的细口处安装上引信。这种"火罐炸弹"并不如现在的炸弹的杀伤作用，仅是制造轰鸣声。

　　猎人在捕野兽时点燃引信，"火罐炸弹"爆炸发出巨大声响，把野兽吓得四处乱窜，有的就会跑入猎人预设的网中。这种"火罐炸弹"，就是现代金属炸弹的雏形。

　　震天雷是北宋后期发展的火药武器，身粗口小内盛火药，外壳以生铁包裹，上安引信，使用时根据目标远近，决定引线的长短。引爆后能将生铁外壳炸成碎片，并打穿铁甲。这是世界上最早的金属炸弹。

震天雷用生铁铸造。有4种样式：罐子式、葫芦式、圆体式和合碗式。其中罐子式震天雷，口小身粗，厚约7厘米，内装火药，上安引信。用时由抛石机发射，或由上向下投掷，杀伤人马。

1221年，金兵围攻蕲州时，大量使用了震天雷。1213年河中府之战，以及1232年南京战役中，金兵在进攻过程中都使用了震天雷。

从陶罐炸弹到金属炸弹的研制，我国的发明都走在世界的最前列。

现代的战争中，火焰喷射器在战场上大显身手，有着震撼人心的力量。如果把火焰喷射器看作是一种战争中能不断喷射火焰的武器，那么它是我国人发明的。

我国是最早使用石油的国家，早在汉代，人们便发现了石油的可燃性。开始时，人们只是用石油点灯，认识到用石油"燃灯极明"。在实际应用中，进而了解到石油的其他特性，把它用作润滑剂、黏合剂、防腐剂等，甚至将它入药。

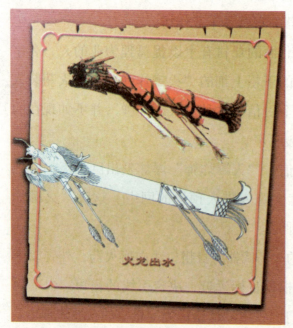

火龙出水

石油的主要用途，最初还是作为质地优良的燃料。由于它性能优良，人们考虑将它用于战争。而火焰喷射器所使用的优质燃料，正是石油及石油产品。

据史书记载，石油产品在我国第一次用于火焰喷射器，是在904年。北宋史学

家路振的《九国志》中描述了在一次交战中，一方放出"飞火机"，最后烧毁了对方的城门。

1044年，火焰喷射器在宋代的军队中已形成标准化。宋代军事家曾公亮在所著的一部当时的军事百科全书《武经总要》中提到，如果敌人来攻城，这些武器就放在防御土墙上，或放在简易外围工事里，这样，大批的攻城者就攻不进来。

书中有关于火焰喷射器的设计细节的插图。这具火焰喷射器的主体油箱由黄铜制成，有4条支撑腿，它以汽油为燃料。

在它的上面有4支竖管和水平的圆柱体相连，而且它们均连在主体上。圆柱体的头部和尾部较大，中间的直径较小，在尾端有一个其大小如小米粒的孔。在头部有个直径约5厘米的孔，在机体侧面有一个配有盖子的小注油管。

此书对火焰的燃烧进行了描述：油从燃烧室中流出，油一喷出，即成火焰。

我国古代的彝族人民在长期生产劳动的实践中，发明出了世界上第一枚手榴弹，这就是"葫芦飞雷"。

由于彝族人民生活在云南省的哀牢山地区，而且这里出产天然的火硝、硫磺、木炭，又种植葫芦，这为彝族人民创造葫芦飞雷提供了良好的物质条件。当时彝族人发明葫芦飞雷并不是用于打仗的，而是用来狩猎的。

这种"手榴弹"的导火索是只有当地才生长的一种引火草制作的。

那时的"手榴弹"分两种，一种是短颈葫芦飞雷，这种"手榴弹"不是用手掷，而要借助一个网兜。先把葫芦飞雷的导火索点燃，然后赶紧放到网兜里，往目标投去，葫芦飞雷到达目标上空后，就会立即爆炸，放在葫芦里面的铁块、铅丸、石头等东西就会炸破葫芦，

飞溅出来，杀伤敌人，威力非常强大。

此外，还有一种名副其实的直接用手投的手榴弹，叫"长颈葫芦飞雷"，这是因为制造这种手榴弹的葫芦的柄较长，便于用手拿。使用这种手榴弹作战，能够摧毁百米之外的一般建筑物。

现在，手榴弹已经成为世界军器中的重要一员，而我国古代彝族人民发明的"葫芦飞雷"，则为手掷军器的发展打开了新的大门。

南宋后期，由于火药的性能已有很大提高，人们可在大竹筒内以火药为能源发射弹丸，并掌握了铜铁管铸造技术，从而使元代具备了制造金属管形射击火器的技术基础，我国火药兵器便在此时实现了新的革新和发展，出现了具有现代枪械意义雏形的新式兵器火铳。

火铳的制作和应用原理，是将火药装填在管形金属器具内，利用火药点燃后产生的气体爆炸力推出弹丸。它具有比以往任何兵器大得多的杀伤力，实际上正是后代枪械的最初形态。

我国的火铳创制于元代，元代在统一全国的战争中，先后获得了金代和南宋时期有关火药兵器的工艺技术，立国后即集中各地工匠到元大都研制新兵器，特别是改进了管形火器的结构和性能，使之成为射程更远，杀伤力更大，而且更便于携带使用的新式火器，即火铳。

目前存世并已知纪年最早的元代火铳，是收藏于我国历史博物馆的1332年产的铜铳。

这个珍藏的铳体粗短，重6940克。前为铳管，中为药室，后为铳尾。铳管呈直筒状，长0.35米，近铳口处外张成大侈口喇叭形，铳口径0.105米。药室较铳膛为粗，室壁向外弧凸。

铳尾较短，有向后的銎孔，孔径0.077米，小于铳口径。铳尾部两

侧各有一个约2厘米的方孔。方孔中心位置，正好和铳身轴线在同一平面上，可以推知原来用金属的栓从两孔中穿连，然后固定在木架上。

这个金属栓还能够起耳轴的作用，使铜铳在木架上可调节高低俯仰，以调整射击角度。

与上面铜铳不同的另一类铜铳，口径较上一类小得多，一般口内径不超过0.03米，铳管细长，铳尾亦向后有銎孔，可以安装木柄。最典型的例子，是1974年于西安东关景龙池巷南口外发现的，与元代的建筑构件伴同出土，应视为元代遗物。

铜铳全长0.26米，重1780克。铳管细长，圆管直壁，管内口径0.023米。药室椭圆球状，药室壁有安装药捻的圆形小透孔。

铳尾有向后开的銎孔，但不与药室相通，外口稍大于里端。此铳的口部、尾部及药室前后都有为加固而铸的圆箍，共计6道。

此铳在发掘出土时药室内还残存有黑褐色粉末，经取样化验，测定其中主要成分有木炭、硫磺和硝石，应为古代黑火药的遗留，是研究我国古代火药的实物资料。

火铳这种新式兵器自元代问世之后，由于青铜铸造的管壁能耐较大膛压，可装填较多的火药和较重的弹丸而具有相当的威力。

又因它使用寿命长，能反复装填发射，故在发明不久便成为军队的重要武器装备。至元代末年，火铳已被政府军甚至农民起义军所使用。

元末明初，明太祖朱元璋在重新统一我国的战争中，较多地使用了火铳作战，不但用于陆战攻坚，也用于水战之中。

通过实战应用，对火铳的结构和性能有了新的认识和改进，至开国之初的洪武年间，铜火铳的制造达到了鼎盛时期，结构更趋合理，形成了比较规范的形制，数量也大大增加。

洪武初年，火铳由各卫所制造，至明成祖朱棣称帝后，为加强中央集权和对武备的控制，将火铳重新改由朝廷统一监制。从洪武初年开始，终明一代，军队普遍装备和使用各式火铳。

至明永乐时，更创立专习枪炮的神机营，成为我国最早专用火器的新兵种。

地雷是现代战争中最常用的一种武器。最早发明和使用它的国家是我国。

据史料记载，1130年，宋军曾经使用"火药炮"给攻打陕州的金军以重大创伤。比较准确的历史记载和"地雷"一词的出现，是在明代。

《兵略纂闻》记载：

曾铣做地雷，穴地丈余，柜药于中，以石满覆，更覆以

沙，令于地平，伏火于下，系发机于地面，过者蹴机，则火坠落发石飞坠杀，敌惊为神。

明代宋应星著的《天工开物》一书中，也介绍了地雷，并且还绘制了地雷的构造图样，以及制作方法和地雷爆炸时的形状。

从以上几个方面的记载来看，地雷出现在战场上，最早可以追溯至宋元时期，最迟不晚于明代中期。至明末时期，就已经有了"地雷炸营"、"炸炮"、"无敌地雷炮"等多种地雷武器。

在使用方法上也发明了踏式和拉火式两种。可见，当时地雷已经在全军中普遍使用起来了。

拓展阅读

火药是中国的四大发明之一。火药，顾名思义就是"着火的药"。它的起源与炼丹术有着密切的关系，是古代炼丹师在炼丹时无意配置出来的。

火药在古代战争中有多种用法：最早是用投石车把点燃的火药包抛射出去，后来用弓箭把燃烧的火药包射出去。至宋代，火药的使用越来越高级，就先后发明了火箭、火炮、霹雳炮、震天雷等杀伤力强的武器，元代时又出现了铜铸火铳。

火药威力无比，也很有药用价值，它是我国的骄傲，也是世界的骄傲。

攻守城器械的发明创造

城池自从出现，一直是国家政治、经济、文化的中心，人口密集，地位显要，是历代战争的必争之地。在我国古代，不论大小城市，几乎都建有坚实的城墙，城外还挖有宽而深的城壕。城战是古代战争最主要的组成部分，随着武器的进步，城防设施的不断完善，发明创造了许多攻守城器械。而攻城和守城器械的应用，无不是显示出智谋和武力的硬战。

　　在我国古代，城池是封闭式的堡垒，不仅有牢固厚实高大的城墙和严密的城门，而且城墙每隔一定距离还修筑墩、台楼等设施，城墙外又设城壕、护城河及各种障碍器材。可以说层层设防，森严壁垒。

　　围绕着攻城与守城，各种攻守器械在实战中被广泛应用。在我国古代，攻城器械包括攀登工具、挖掘工具，以及破坏城墙和城门的工具。汉代以来主要发明创造的攻城器械有：飞桥、云梯、巢车、轒辒车、临冲吕公车等。

　　飞桥是保障攻城部队通过城外护城河的一种器材，又叫"壕桥"。这种飞桥制作简单，用两根长圆木，上面钉上木板，为搬运方便，下面安上两个木轮。如果壕沟较宽，还可将两个飞桥用转轴连接起来，做成折叠式飞桥。搬运时将一节折放在后面的桥床上，使用时将前节放下，搭在河沟对岸，就是一座简易的壕桥。

云梯是一种攀登城墙的工具。一般由车轮、梯身、钩3部分组成。梯身可以上下仰俯，靠人力扛抬倚架到城墙壁上。梯顶端有钩，用来钩援城缘。梯身下装有车轮，可以移动。

相传云梯是春秋时期的巧匠鲁班发明的，其实早在夏商周时就有了，当时取名叫"钩援"。春秋时的鲁班只是加以改进罢了。

传说在战国初年的时候，楚国的国君楚惠王想重新恢复楚国的霸权。他扩大军队，要去攻打宋国。楚惠王重用了一个当时最有本领的工匠。他是鲁国人，名叫公输般，也就是后来人们称的鲁班。

公输般被楚惠王请了去，当了楚国的大夫。他替楚王设计了一种攻城的工具，比楼车还要高，看起来简直是高得可以碰到云端似的，

所以叫做云梯。

楚惠王一面叫公输般赶紧制造云梯，一面准备向宋国进攻。楚国制造云梯的消息一传扬出去，列国诸侯都有点担心。特别是宋国，听到楚国要来进攻，更加觉得大祸临头。

楚国想进攻宋国的事，也引起了一些人的反对。反对最厉害的是墨子。墨子，名翟，是墨家学派的创始人，他反对铺张浪费，主张节约。他要他的门徒穿短衣草鞋，参加劳动，以吃苦为高尚的事。如果不刻苦，就是算违背他的主张。

墨子还反对那种为了争城夺地而使百姓遭到灾难的混战。当他听到楚国要利用云梯去侵略宋国时，就急急忙忙地亲自跑到楚国去，跑得脚底起了泡，出了血，他就把自己的衣服撕下一块裹着脚走。

墨子就这样奔走了十天十夜，他到了楚国的都城郢都。他先去见公输般，劝他不要帮助楚惠王攻打宋国。

公输般说："不行呀，我已经答应楚王了。"

墨子就要求公输般带他去见楚惠王，公输般答应了。在楚惠王面前，墨子很诚恳地说："楚国土地很大，方圆五千里，地大物博；宋国土地不过五百里，土地并不好，物产也不丰富。大王为什么有了华贵的车马，还要去偷人家的破车呢？为什么要扔了自己绣花绸袍，去偷人家一件旧短褂子呢？"

楚惠王虽然觉得墨子说得有道理，但是不肯放弃攻找宋国的打算。公输般也认为用云梯攻城很有把握。墨子便直截了当地说："你能攻，我能守，你也占不了便宜。"

墨子就解下身上系着的皮带，在地上围着当作城墙，再拿几块小木板当作攻城的工具，叫公输般来演习一下，比一比本领。

公输般采用一种方法攻城，墨子就用一种方法守城。一个用云梯攻城，一个就用火箭烧云梯；一个用撞车撞城门，一个就用滚木擂石砸撞车；一个用地道，一个用烟熏。

公输般用了九套攻法，把攻城的方法都使完了，可是墨子还有好

些守城的高招没有使出来。

公输般呆住了，但是心里还不服，说："我想出了办法来对付你，不过现在不说。"

墨子微微一笑说道："我知道你想怎样来对付我，不过我也不会说。"

楚惠王听两人说话像打哑谜一样，弄得莫名其妙，问墨子说："你们究竟在说什么？"

墨子说："公输般的意思很清楚，不过是想把我杀掉，以为杀了我，宋国就没有人帮他们守城了。其实他打错了主意。我来楚国之前，早已派了禽滑釐等三百个徒弟守住宋城，他们每一个人都学会了我的守城办法。即使把我杀了，楚国也是占不到便宜的。"

楚惠王听了墨子一番话，又亲自看到墨子守城的本领，知道要打

胜宋国没有希望，只好说："先生的话说得对，我决定不进攻宋国了。"

这说明，云梯的运用，无论是攻防，都处在魔高一尺、道高一丈的彼此制衡的发展变化中。到了唐代，云梯比战国时期就有了很大改进。

此时的云梯，底架以木为床，下置六轮，梯身以一定角度固定装置于底盘上，并在主梯之外增设一具可以活动的"副梯"，顶端装有一对辘轳。登城时，云梯可以沿墙壁自由上下移动，不再需要人抬肩扛。

到了宋代，云梯的结构又有了更大改进。据北宋曾公亮的《武经总要》记载，宋代云梯的主梯也分为两段，并采用了折叠式结构，中间以转轴连接。这种形制有点像当时通行的折叠式飞桥。同时，副梯也出现了多种形式，使登城接敌行动更加简便迅速。

为了保障推梯人的安全，宋代云梯吸取了唐代云梯的改进经验，将云梯底部设计为四面有屏蔽的车型，用生牛皮加固外面，人员在棚内推车接近敌城墙时，可有效地抵御敌矢石的伤害。

巢车是一种专供观察敌情用的瞭望车。车底部装有轮子可以推动，车上用坚木竖起两根长柱，柱子顶端设一辘轳轴，用绳索系一小

板屋于辘轳上。板屋高3米，四面开有12个瞭望孔，外面蒙有生牛皮，以防敌人矢石破坏。屋内可容两人，通过辘轳车升高数丈，攻城时可观察城内敌兵情况。

宋代出现了一种将望楼固定在高竿上的"望楼车"。这种车以坚木为竿，高近1米，顶端置板层，内容纳一人执白旗瞭望敌人动静，用简单的旗语同下面的将士通报敌情。

在使用中，将旗卷起表示无敌人，开旗则敌人来；旗杆平伸则敌人近，旗杆垂直则敌到；敌人退却将旗杆慢慢举起，敌人已退走又将旗卷起。

望楼车，车底有轮可来回推动；竖杆上有脚踏橛，可供哨兵上下攀登；竖杆旁用粗绳索斜拉固定；望楼本身下装转轴，可四面旋转观察。这种望楼车比巢车高大，观察视野开阔。后来随着观察器材的不断改进，置有固定的瞭望塔，观察敌情。

轒辒车也是一种古代攻城战的重要的工具，用以掩蔽攻城人员掘城墙、挖地道时免遭敌人矢石、纵火、木檑伤害。轒辒车是一种攻城作业车，车下有四轮，车上设一屋顶形木架，蒙有生牛皮，外涂泥浆，人员在其掩蔽下作业，也可用它运土填沟等。

攻城作业车种类很多，还有一种平顶木牛车，但车顶是平的，石块落下容易破坏车棚，因此在南北朝时，改为等边三角形车顶，改名"尖头木驴车"。这种车可以更有效地避免敌人石矢的破坏。

为了掩护攻城人员运土和输送器材，宋代出现了一种组合式攻城作业车，叫"头车"。这种车搭挂战棚，前面还有挡箭用的屏风牌，是将战车、战棚等组合在一起的攻城作业系列车。

头车长宽各7尺，高七八尺，车顶用两层皮笆中间夹一尺多厚的干草掩盖，以防敌人炮石破坏。车顶朝廷有一方孔，供车内人员上下，车顶前面有一天窗，窗前设一屏风牌，以供观察和射箭之用；车两则悬挂皮牌，外面涂上泥浆，防止敌人纵火焚烧。

"战棚"接在"头车"后面，其形制与头车略同。在战棚后方敌人矢石所不能及的地方，设一机关，用大绳和战棚相连，以绞动头车和战棚。在头车前面，有时设一屏风牌，上面开有箭窗，挡牌两侧有侧板和掩手，外蒙生牛皮。

使用头车攻城时，将屏风牌、头车和战棚连在一起，推至城脚下，然后去掉屏风牌，使头车和城墙密接，人员在头

车掩护下挖掘地道。战棚在头车和找车之间，用绞车绞动使其往返运土。

这种将战车、战棚等组合一体的攻城作业车，是宋代军事工程师的一大创举。

临冲吕公车是古代一种巨型攻城战车，车身高数丈，长数十丈，车内分5层，每层有梯子可供上下，车中可载几百名武士，配有机弩毒矢、枪戟刀矛等兵器和破坏城墙设施的器械。

进攻时，众人将车推到城脚，车顶可与城墙齐，兵士们通过天桥冲到城上与敌人拼杀，车下面用撞木等工具破坏城墙。

这种庞然大物似的兵车在战斗中并不常见，它形体笨重，受地形限制，很难发挥威力，但它的突然出现，往往对守城兵士有一种巨大的威慑力，从而乱其阵脚。

除以上所述的攻城器械以外，还有其他一些用来破坏城墙、城门的器械，如搭车、钩撞车、火车、鹅鹘车等。在古代攻城战役中，大多是各种攻城器械并用，各显其能。

我国古代的守城器械，包括防御敌人爬城，防御敌破坏城门、城墙，以及防御敌人挖掘地道等类。其主要器械有：撞车、叉竿、飞钩、夜叉擂、地听、礌石和滚木等。

撞车是用来撞击云梯的一种工具。在车架上系一根撞杆，杆的前端镶上铁叶，当敌的云梯靠近城墙时，推动撞杆将其撞毁或撞倒。

1134年，宋金在仙人关大战时，金人用云梯攻击金军垒壁，宋军杨政用撞杆击毁金人的云梯，迫使敌兵败退。

叉竿又叫"抵篙叉竿"，这种工具既可抵御敌人利用飞梯爬城，又可用来击杀爬城之敌。当敌人飞梯靠近城墙时，利用叉竿前端的横

刃抵住飞梯并将其推倒，或等敌人爬至半墙腰时，用叉竿向下顺梯用力推剁，竿前的横刃足可断敌手臂。

飞钩又叫"铁鹚脚"，其形如锚，有4个尖锐的爪钩，用铁链系之，再续接绳索。待敌兵附在城脚下，准备登梯攀城时，出其不意，猛投敌群中，一次可钩杀数人。

夜叉擂又名"留客住"。这种武器是用直径1尺，长1丈多的湿榆木为滚柱，周围密钉"逆须钉"，钉头露出木面5寸，滚木两端安设直径2尺的轮子，系以铁索，连接在绞车上。当敌兵聚集城脚时，投入敌群中，绞动绞车，可起到碾压敌人的作用。

地听是一种听察敌人挖掘地道的侦察工具。最早应用于战国时期的城防战中。

《墨子·备穴篇》记载，当守城者发现敌军开掘地道，从地下进攻时，立即在城内墙脚下深井中放置一口特制的薄缸，缸口蒙一层薄牛皮，令听力聪敏的人伏在缸上，监听敌方动静。

这种探测方法有一定的科学道理，因为敌方开凿地道的声响从地下传播的速度快，声波衰减小，容易与缸体产生共振，可据此探沿敌所在方位及距离远近。据说可以在离城五百步内听到敌人挖掘地道的声音。

礌石和滚木是守城用的石块和圆木。在古代战争中，城墙上通常备有一些普通的石块、圆木，在敌兵攀登城墙时，抛掷下去击打敌人，这些石块和圆木又被称为"礌石"、"滚木"。

除了以上这些守城器械外。还有木女头、塞门刀车等，用来阻塞被敌人破坏了的城墙和城门。

　　长期的攻守博弈，让我国古代的城池充满了智慧。明代后期，由于枪炮等火器在攻守城战中的大量使用，上述许多笨重的攻守城器械便逐渐在战场上消失了。

　　拓展阅读

　　1621年，明熹宗派朱燮元守备成都，平息四川永宁宣抚使奢崇明的叛乱。

　　有一天，城外忽然喊声大起，守军发现远处一个庞然大物，在许多牛的拉扯中向城边接近，车顶上一人披发仗剑，装神弄鬼，车中数百名武士，张强弩待发，车两翼有云楼，可俯瞰城中。

　　战车趋近时，霎时毒矢飞出，城上守兵惊慌失措。朱燮元沉着地告诉官兵这就是吕公车，并令架设巨型石炮，以千钧石弹轰击车体，又用大炮击牛，牛回身奔跑，吕公车顿时乱了阵脚，自顾不暇。